职场新人入职指南丛书

职场菜鸟44个第一次

ZHICHANG CAINIAO SISHISI GE DIYICI

陈鹏◎编著

SPM
南方出版传媒
广东经济出版社
·广州·

图书在版编目（CIP）数据

职场菜鸟44个第一次／陈鹏编著．—广州：广东经济出版社，2016.1

（职场新人入职指南丛书）

ISBN 978－7－5454－4342－4

Ⅰ．①职…　Ⅱ．①陈…　Ⅲ．①成功心理－通俗读物　Ⅳ．①B848.4－49

中国版本图书馆CIP数据核字（2015）第297805号

出 版 人：姚丹林
责任编辑：谭　莉
责任技编：谢　莹
装帧设计：李桢涛

出版发行	广东经济出版社（广州市环市东路水荫路11号11～12楼）
经销	全国新华书店
印刷	惠州报业传媒印务有限公司 （惠城区江北三新村惠州报业传媒大厦1610室）
开本	730毫米×1020毫米　1/16
印张	16.25
字数	265 000字
版次	2016年1月第1版
印次	2016年1月第1次
印数	1～5 000
书号	ISBN 978－7－5454－4342－4
定价	35.00元

如发现印装质量问题，影响阅读，请与承印厂联系调换。
发行部地址：广州市环市东路水荫路11号11楼
电话：（020）38306055　37601950　邮政编码：510075
邮购地址：广州市环市东路水荫路11号11楼
电话：（020）37601980　营销网址：http://www.gebook.com
广东经济出版社新浪官方微博：http://e.weibo.com/gebook
广东经济出版社常年法律顾问：何剑桥律师

前言 Preface

很多人在学生时代，总觉得“上班族”是令人羡慕的名词。因为，上班族不再依靠家庭的供养，可以凭着自己学到的知识和自有的能力立足于社会，自己挣钱，可以过不太受人干扰的私生活，可以在公司一展长才，可以昂首阔步地走在街上。

然而，很多人进入职场以后，会发现生活并没有想像的那么美好。全新的工作领域，全新的人际关系，从学习状态转换到工作状态，都是难以适应的。尤其是新人进入职场以后，面临着新的环境，于是有了许许多多的第一次：第一次递名片、第一次出差、第一次领工资、第一次据理力争、第一次拒绝同事、第一次遭拒绝、第一次参加聚餐、第一次受冷遇、第一次换搭档……

“第一次”最能暴露你处理问题的能力、处理职场人际关系的能力。很多人在观察着你的第一次，并且透过这第一次来了解你的性格，了解你的工作能力，了解你的业务能力，了解你的职业道德，了解你是否适合这项工作，并且通过这些“第一次”来决定是否给你调岗，是否给你加薪，是否给你升职，甚至是否淘汰你！

职场很残酷，职场也很忙碌，没有人来告诉你“第一次”的对与错，当你在“第一次”做错时，周围人可能向你传递“你错了”的信号，却不告诉你错在哪里，不告诉你“雷区”在哪里，因为每一个人都曾用自己的“血肉之躯”踩雷，伤过、哭过、崩溃过，才会明白一些道理。

正因为如此，许多人在职场中败下阵来，不愿意再进入职场，却又为了生计，不得不含泪忍屈再次进入。

编者看着许多职场新人的无奈，心里忍不住叹息，因自己也是如此走过。

为了让职场新人不再走编者曾走过的曲折路，于是，编者决定总结职场中第一次的经验编辑成书，以飨读者，希冀能够帮助那些刚毕业、正走向职场的“童鞋们”，和那些在职场中已经拼搏了一段时间，却常出错的职场新人们。职场新人容易因想法过于天真而被“老鸟”当作天兵，不但常闹笑话，而且容易让上司产生坏印象。

基于此，编者根据自己的经验并结合别人的实例，编写了《职场菜鸟44个第一次》一书。本书从职场新人准备与入门、人际关系、处事态度、细微见著、情绪难关、谨言慎行六个方面进行细节描述，以供刚刚步入职场的大中专学生、进城务工人员等新入职场的人士参考。

总之，职场新人进入企业，过渡时间越短，与企业融合得越快、职业发展得就越快。这个过渡时间的缩短，要靠职场新人们自己努力奋斗，如懂得职场新人注意事项，了解职场菜鸟生存法则，并和同事建立良好人际关系等等。所以，作为一个职场新人应该要好好的学习关于职场的各门功课！

编者

2016年1月

目　录
Contents

第一章　职场菜鸟·准备与入门

第二章 职场新人·人际关系

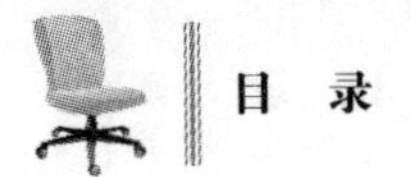

第三章 职场新人·处事态度

第四章 职场新人·细微见著

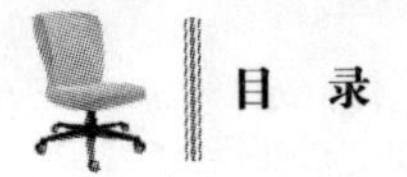

第五章　职场新人·情绪难关

第六章 职场新人·谨言慎行

第一章

1

职场菜鸟·准备与入门

细节01 第一次投简历

简历是人生浓缩的“自传”；简历是求职者的“敲门砖”；简历是无声的“自荐书”；简历是求职的一种有用武器，它可以帮助求职者叩开心仪公司的大门。

简历又像一把利剑，如果它够快够准够狠，就一定会在第一时间打动阅人无数的招聘人员的“铁石心肠”，赢得进一步面试的机会；如果它“泯然众人矣”，那你可能只有等待无止境的候补命运；如果没有好好爱护武器，漫不经心地就出手的话——对不起，你在第一时间就被打入“冷宫”了。

一、简历为何“石沉大海”

要想投递的简历更加有效，你首先要了解简历为何投递过去却没有回音？一般来说，有以下几种可能，具体如下图所示。

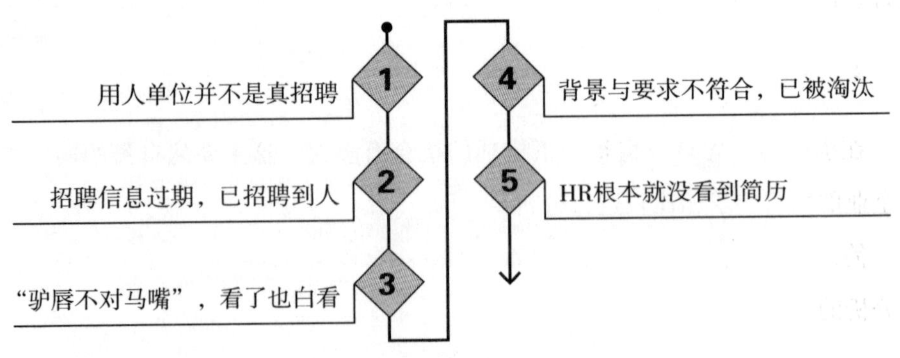

投递简历没有回音的原因

二、如何处理“石沉大海”的简历

对于没有回音的简历，你是听之任之，还是让其“浮出水面”呢？遇到这种情况，应该怎样来处理？作为刚刚走出校门的你可以用几个方法进行处理，具体如下图所示。

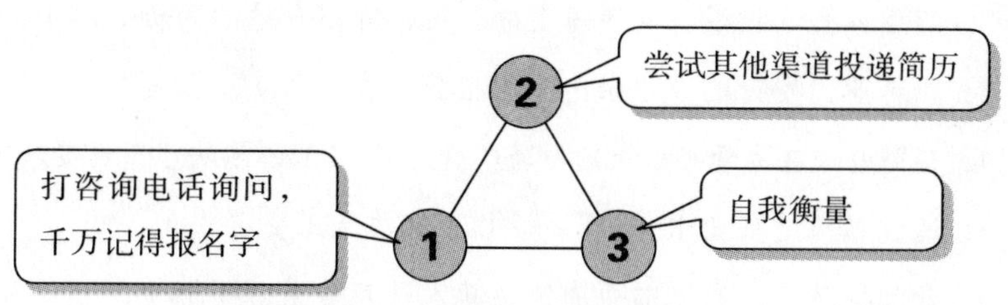

处理“石沉大海”的简历的方法

1．打咨询电话询问，千万记得报名字

对于打电话询问的时间一定要慎重的选择，你切不可在投递之后第二天就匆匆追问，因为可能招聘企业的HR还没有来得及筛选，一般在投递简历一周后你打电话询问一次即可，千万不要每天都打电话，不然不仅不会让招聘人员感到热情，相反可能会影响招聘人员的正常工作。

2．尝试通过其他渠道投递简历

对于没有回音的简历，你可以尝试用其他的渠道再次投递，比如用快递、邮寄、传真、自己去送，发往个人常用邮箱等。

3．自我衡量

在求职前，先自我衡量一下成功的机会有多大？这主要从自身的实际能力和企业的招聘要求相比较进行分析。

简历投递无效的最主要原因是用同一份简历去投递所有公司，没有经过岗位分析的盲目求职。

相关链接

不同求职方式的成功率

据有关人士的统计，不同的求职方式其成功率是大不一样的：

1．利用互联网把自己的简历贴在网站上等人来看（1%）。

2．随意地挑选报纸、电话簿上的公司，寄出自己的简历（7%）。

3．应聘业内发行的专业杂志上的招聘广告（7%）。

4．应聘登载在本地报纸上的招聘广告（5%～24%，取决于工资要求）。

5．通过私人的就业中介（5%～24%，取决于工资要求）。

6．参加招聘会，和意向企业的招聘人员直接见面（8%）。

7．和老师、教授联系，看有没有门路（12%）。

8．通过当地政府就业部门寻求机会（14%）。

9．向朋友、老乡、亲戚打听，看他们有没有好介绍（33%）。

10．不管对方有没有空缺，有没有登广告，直接找那些你感兴趣的公司，亲自上门看有没有机会（47%）。

11．翻开电话簿，找到那些认为可以的公司，打电话去问是否在招你这样的人（69%）。

三、让你的“卖点”更突出

简历中的几个重要的“卖点”，会给对方留下深刻的印象。其中几点是需要重点注意的，具体如下图所示。

简历“卖点”应突出的栏目

序号	卖点	具体内容
1	学历	学历是指突出自己的学业成绩（假如成绩优秀的话）
2	性格优点	性格优点是指突出性格优点（如非常友好、时间概念强、组织能力优秀、天生的领导者等，选取与应聘职位相关的优点）

（续表）

序号	卖点	具体内容
3	相关经历	相关经历是指列出曾经参加过的与该职位相关的培训经历或课程，并指出曾经取得的成就，以证明你虽没有实际工作经验，但理论上在某些方面你也是一名成功者
4	相关技能	相关技能是指可以在简历中把自己自学了最新技术的经历描述出来，例如：依靠互联网和相关教科书学会了编程，当然要准备好在面试的过程中被问及细节，因此，一定要确认只能写你会的，不会的可千万不要写
5	“你还年轻”	“你还年轻”是指突出“你还年轻”这个事实，有朝气、有干劲，并时刻准备着通过努力工作来证明自己；许多雇主很喜欢年轻人的热情，认为年轻人的热情会大力促进公司的成长
6	学习能力强、吸收能力快	学习能力强、吸收能力快是突出你学习能力强、吸收能力快这个事实，并表明你有志于在你所应聘的公司开始职业生涯，并认为这将是一次非常好的学习机会

四、十大技巧——让你的简历命中

简历就犹如篮球场上的“篮球”，怎样让你的简历更准地命中呢？网投简历是有技巧可循的。网投简历的十大技巧，具体如下图所示。

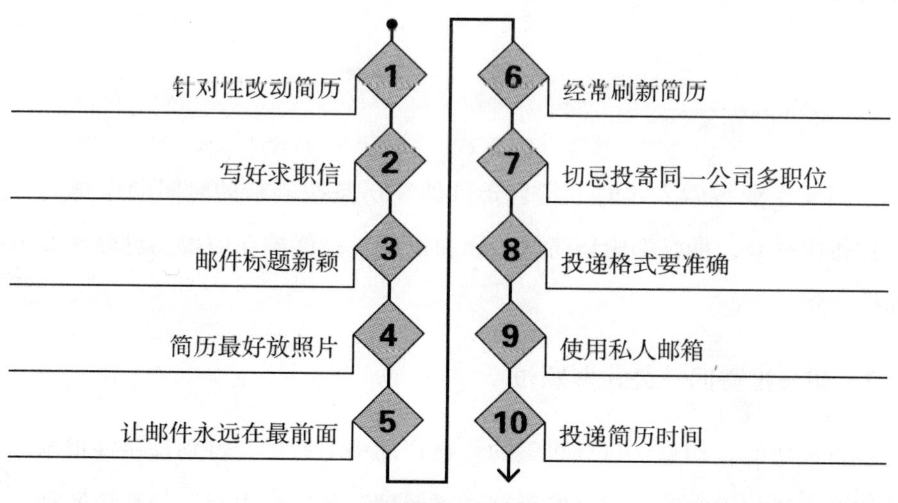

网投简历十大技巧

1. 针对性改动简历

在投递不同职位时，只需改动简历的一小部分，在求职意向上一定要把你投递的职位放在首位，工作经验与投递的职位相关的工作经验要尽量详细。

2. 写好求职信

求职信最忌讳篇幅过长以及与简历内容重复。求职信篇幅以两三百字为宜，说些对于你所申请职位的见解以及你针对这个职位所具备的优势等等。

3. 邮件标题新颖

在邮件题目上做文章，只有标题新颖的邮件才有机会被打开。

4. 简历最好放照片

有照片的简历会更全面，表示你对这份工作诚恳、认真的态度，对招聘人员的尊重。照片可以用证件照或半身照。

5. 让邮件永远在最前面

在发邮件前，把电脑系统的日期改为一个将来的日期，如2015年，因为大多邮箱都是默认把邮件按日期排序，所以邮件起码要到2015年以后才会被排在后面。

6. 经常刷新简历

当招聘企业搜索人才时，符合条件的简历是按刷新的时间顺序排列，因此，你每次登录，最好都刷新简历，刷新以后，就能排在前面，更容易被招聘公司搜索到。

7. 切忌投寄同一公司多职位

投寄简历时，切忌一口气投寄同一公司的多个职位。特别是一些根本不相关的职位。比如说同时应聘“发行部高级经理”和“人力资源部高级经理”。

这样会让别人觉得你对自己的未来没有规划和信心不足。

8. 投递格式要准确

如果是通过各种求职网站投寄，一定要严格按照网站上要求的格式输入邮件标题。你如果在该网站已建立了最新的与该职位相匹配的简历，那么点击“申请该职位”通过该网站发送简历。

9. 使用私人邮箱

发送简历时，要用自己的私人邮箱，切勿用其他邮箱。选择稳定性、可靠性高的邮箱，以免发送的简历对方没有收到，或者对方回复邮件丢失。

10. 投递简历时间

人力资源部招聘人员一般会在上午9点半左右以及下午2点左右打开邮箱，在上午11点、下午3点左右通知面试；每周二、周五看邮箱的概率稍大。所以，选择此时发送简历，是最佳的时机。

五、马上被放弃的简历

还没有开始看，就被选择放弃，对于求职者来说绝对是一个“悲剧”。因此，你需要明白自己的简历不要属于此类简历。一般来说，被招聘人员放弃的简历类型有以下几种，具体如下图所示。

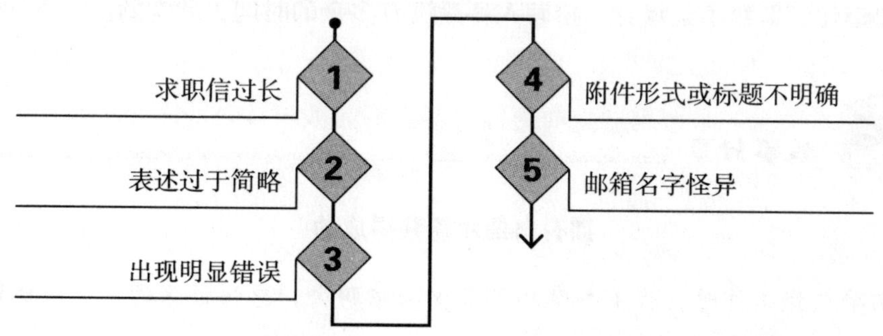

被招聘经理马上放弃考虑的简历

1. 求职信过长

招聘人员要在有限的时间里看很多简历，如果求职信过长，重点不突出，重复表述同一个特质或能力，会感到你能提出来的就只有这些，其他就不必要看。

2. 表述过于简略

简历相当简单，教育情况只写大专或本科，让人看到后了解的信息有限，也不会再进一步考虑。

3. 出现明显错误

出现明显错误主要有以下几种情况：

（1）时间上错误，比方说上了几年的大专，普通本科上5年或3年，甚至2年。

（2）教育经历与实践经历完全不同。

4. 附件形式或标题不明确

提交简历时只写是应聘或个人简历，简历采用附件形式发送，如果简历很多，这样的求职简历会被招聘人员放在最后，有时间才会浏览一下，时间紧就根本不会看。

5. 邮箱名字怪异

要记住，新颖不是怪异，招聘人员是没有多余的时间去欣赏的。

故事分享

拥有自信才能获得成功

刚毕业找工作时，我不知参加了多少场招聘会，感悟最深的是：求职最重要的砝码是自信。因为我的第一份工作，就是在拥挤的招聘会上由于自信的表现吸引了主考官，获得了面试的机会，从而求职成功。

那是一个周末，在人才招聘会上，人头攒动，每个招聘台前都挤满了应聘者。我踮着脚努力地穿过人头看每个展台的招聘信息，看到合适的，也挤上前投简历，希望能与招聘官一谈。但应聘的人太多了，主考官当然没时间也没精力与我谈，甚至不看我一眼，只讲："放下简历吧，随后我们会与你联系。"

这时我在一家展台前停了下来，那家公司在招聘行政助理。我没有工作经验，也没有任何优势，有的只是对自己的了解与信任，相信自己能胜任这份文职工作。于是，我决定投出一份简历。

这家展台也一样挤满了应聘者，我定了定神，透过那些应聘者的头，将一份简历从空中递上去，朗声说道："您好，这是我的简历，请您过目。"不知是因为我响亮的声音还是因为那"横空而出"的简历吸引了主考官，总之，主考官抬起了头，并朝我的方向看来。由于距离甚远，无法与主考官交谈，我只是自信地回望了他一眼，转身离开了展台，在转身的那一刹，我感觉到了主考官赞许的眼神。

在回家的路上，我想，这家公司肯定会通知我面试的。我对自己很有信心。我当时的表现，主考官已经留意我了，他会从上百份简历中注重看我的简历。

接下来，果然，我接到了面试通知，也如愿以偿进入了这家公司。后来，在一次闲聊中，我们的头，也就是当时的主考官，跟我讲："当时，看你很有信心，在那些拥挤的人中，显得有些鹤立鸡群……"

我笑着说："那是因为我个子太高了吧？"

虽然嘴上这么说，但我心里很清楚，我得到了这份工作，是因为我在招聘会上的那份自信，那份因自信而来的气质，给主考官留下非常深的第一印象。

以上是作者的亲身经历，找准自己的优势、坚持到底，机会是靠自己去争取来的，成功无非就是将你的自信演绎到极致，记住这一点，你才会明白拥有自信往往比拥有才华更重要。

细节02 第一次选工作

一个具有很高知名度、薪酬福利好、工作环境好、能很快获得晋升，并且可以交到很多好朋友，其中不乏达官贵族的工作场所，这看似完美的地方，真的适合你吗？

一、第一份工作意味着什么

一份关于“最适合应届毕业生第一份工作的场所”的调查表示，大家对第一份工作的态度很在意，其中有如下两种表现，如下表所示。

对第一份工作的态度

态度人数百分比	表态原因
45.44%	第一份工作是踏入社会的第一块敲门砖
58.75%	第一份工作是为将来积累资历

备注：此次调查共收回2172份样本，其中参与调查的学生和职场菜鸟的比例占总调查人数的83.15%。

可见，大家对第一份工作场所的期待是一种知识期待而非资本期待。对于毕业生来讲，这更像是一处补课的场所，补习我们在学校中缺失的诸如团队协作课、人际关系课、工作入门课——为什么总有人说学校和企业之间有断档，无论专业对口与否，学校里学到的知识到了工作中总觉得差一截，其实这是因为学校和企业这两个平台之间的对接高度有天然落差，要想补平这些落差，就要选对第一份工作。

二、选什么工作最好

“选择什么样的工作，就选择了什么样的人生”。可见，确定人生目标是选择工作的先决条件。如何选择一份工作？具体标准如下图所示。

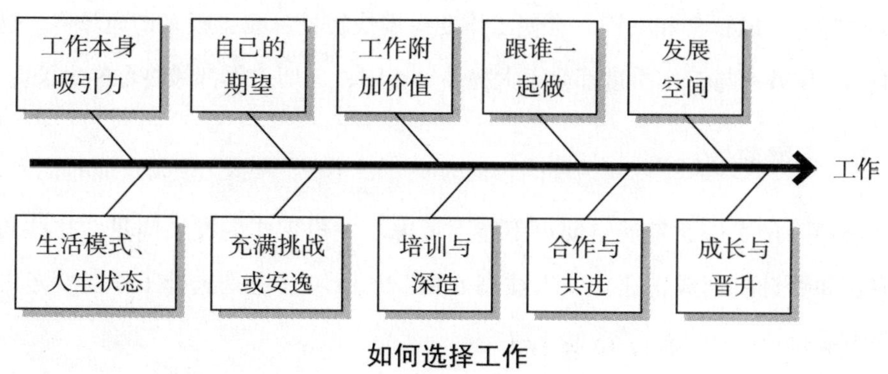

如何选择工作

1. 工作本身吸引力

永远不要为了安逸稳定以及别人眼中的好工作，去选择一份工作。你选择一份工作，首先一定要是因为这份工作本身吸引你，你热爱这份工作所带给你的生活模式和人生状态。

2. 自己的期望

先问问自己，自己究竟想过一种什么样的人生，想以一种怎样的方式去生活。比如，你充满热情和抱负，喜欢接受新鲜事物和充满挑战的人生，却选择去了一家像养老院一样清闲的事业单位工作，那你每天的工作都成为你理想与现实的痛苦拉锯战；如果你想安稳工作、潜心研究，可却选择商业性极强、不得不日夜为它奔波操心的工作，那不仅会搞得你心力交瘁，还会让你错过深入钻研的大好时机。

3．工作附加价值

选择一份工作，要看这份工作可以带给你的附加价值，而不仅是薪酬待遇。这些附加价值包括培训机会、深造机会等。

4．跟谁一起做

工作搭档好比结婚对象，一样需要慎重选择。与有相同价值观的人一起工作，更容易达成默契和共识，会使工作变得愉快轻松，减少很多沟通障碍。这样一来，工作效率与工作质量都会大大提高。否则，一切工作都最终令你生厌。

5．发展前景

选择一份工作，发展空间也不能不考虑。一份工作的发展前景，往往与职员成长和晋升机会成正比。“人往高处爬”，所以它也是选择工作需要考虑的重要因素。

三、选择工作切忌什么

很多人找工作受到很多因素的影响，如社会“口碑”、来自父母的压力和个人的功利心等。这些不健康的因素导致了年轻人选择工作的错误，坏处不小，具体表现如下表所示。

选择工作的影响因素

心理模式	危害之处
盲从心理	“跳槽”或“认命”
敷衍心理	浪费自身潜能
近利心理	错失发展良机

1．盲从心理

有些工作如教师、公务员等，被人们称为“铁饭碗”。这种“口碑”左右了很多毕业生的工作选择方向。因此，出现了不爱教育的却选择了当教师的例子，考公务员的人数也是逐年递升。

这种心理的坏处在于：工作一段时间后，发现工作方式和生活状态与自己的初衷相悖，于是要么忙于“跳槽”，要么“认命”，无心进取，日子得过且过。

2．敷衍心理

一个人最难自主时，往往是受了家庭压力的桎梏。以前是报考志愿、如今是选择工作。可怜天下父母心，他们都希望自己的孩子过得好，因此难免有“包办”一切之嫌。为了应付家庭压力，很多年轻人就随便选了一份要么“高薪”要么稳定的“工作”来作敷衍。

这种心理的坏处在于：为了“敷衍”家人而选择的工作，大多不是出于自己所愿。而带着不愿之心去做事，自然是做不好，脱颖而出的机会就更少了。最重要的是，自身的潜能就这样被硬生生地浪费掉了。

3．近利心理

这个社会竞争激烈，人的虚荣与攀比心理也越演越烈。因此，很多年轻人选择的第一份工作就是“向钱看齐”。这就是近利心理。

这种心理的坏处在于：年轻人为了“面子”而选择一份“高薪”工作，却同时可能失去自我更深发展的时机。比如，有的工作“高薪”，一月休息两三天、日日加班等，这样，职场菜鸟就没有时间去拓展自己的知识面，几年下来还是“井底之蛙”。

相关链接

职场新人需要强化的十大必备武器

1．学历

所谓学历，包括学校、科系、学位。不管哪一行，能拥有学历，都是好的。

2. 证照

除了法律、会计、医疗等行业要有证照才能执业，目前包括金融业、信息业、房地产业、美容业、餐饮业、健身业以及制造业的环卫部门等，也都逐渐走向“证照化”。如果你的学历条件较差，专业证照可弥补学历的不足。

3. 专业技能

在最初的“学徒期”，薪水待遇是其次，学习机会才最重要，要把工作当成学校的延伸，把上司和资深同事当成良师，虚心学习。

4. 听说读写算

听说读写算，是每个人从小就要培养的基础能力，从生活到工作都离不开这5种能力，但新生代在这方面却有“退化”的现象。很多上司抱怨新进员工写的字条词不达意、不知所云；虽然创意十足，但连基本文案都写不出。总之，文字表达能力、沟通表达能力、外语能力、数字能力、逻辑思考力、办公室文书软件运用能力，是你不可小看的职场基础能力。

5. 性格特质

“性格决定命运”，这句话用在新人求职上，再贴切不过了。在新人的筛选上，现代企业更加重视性格特质，并且采用“3Q Very Much”的准则，也就是说IQ（智商与专业技能）、EQ（情绪商数）、AQ（抗压性）三者并重。如果你不能吃苦耐劳、抗压性与挫折忍受度低、缺乏小组合作精神、忠诚度与责任感低、追求卓越的成就动机不足，那就自己走吧。

6. 历练

跨国公司栽培高级人才，最重要的方法就是“轮调”，让员工在不同部门与国家之间培养阅历。历练的多寡，决定你究竟是可成大器，还是做一颗小螺丝钉。对社会新人来说，不要怕多做，就怕不给你做。

7. 人脉

人脉往往会在你意想不到的时候，提供你意想不到的一臂之力。但是“贵人”不会无端从天上掉下来，平时就要勤于耕耘，一定先有付出才有回报。

8．形象管理

除了研发工程师每天面对机器外，诸如业务销售、行政、法务、公关、教育训练……绝大部分的职务都是属于“人对人”的工作，因此个人形象管理格外重要。外表有时比内在还重要，西方学者雅伯特·马伯蓝比（Albert Mebrabian）教授研究出的“7/38/55”定律，证明了这个看法：在整体表现上，旁人对你的观感，只有7%取决于你真正谈话的内容；而有38%在于辅助表达这些话的方法，也就是口气、手势等等；却有高达55%的比重决定于你看起来够不够分量、够不够有说服力，一言以蔽之，也就是你的外表。

9．情报信息力

进入知识快速“折旧”的年代，在校期间所学的东西，如果不随时更新，很快就跟不上时代。如今都把“情报搜集”列为“绝对必要的工作技能”。

10．跨领域专业

跨领域人才当红，科系的选择若能搭配得当，比如“商管＋信息”，“设计＋光机电”，“会计＋财税”，都能起到1＋1＞2的化学作用。

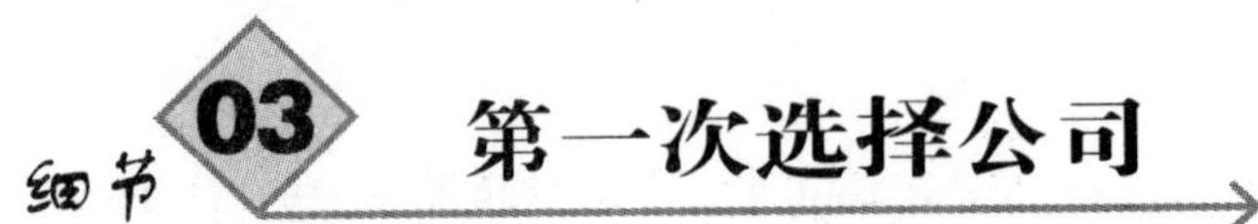

选择公司与选择工作一样，同样让人马虎不得。一个良好的环境比起一个较差的环境，更利于人的成长。因此，选择一个适合自己的公司，往往能使你大步提升。

一、知己知彼，百战不殆

俗话说，知己知彼，百战不殆。菜鸟求职，一定要清楚自己的优势和了解企业的情况。

1. 清楚个人优势

那么，菜鸟求职，如何了解自己的优势呢？这与公司对应聘者的关注点有密切联系，其具体如下图所示。

公司关注的	关键词	你所拥有的
• 分析能力	USP	• 教育背景
• 沟通能力	PRI	• 学术成绩
• 上司能力	LIM	• 实习经历
• 团队能力	行动词	• 社团活动
• 语言能力		• 个人技能
• 抗压能力		

公司关注与个人优势

从上图中可知，公司对应聘者的关注点主要在于分析能力、沟通能力、上司能力、团队能力、语言能力和抗压能力等，而与之相应的，教育背景、学术成绩、实习经验、社团活动及个人技能等都是个人优势。

2. 了解企业

对于应聘者来说，了解企业的具体情况是非常重要的事情。主要从以下几个方面入手，具体如下图所示。

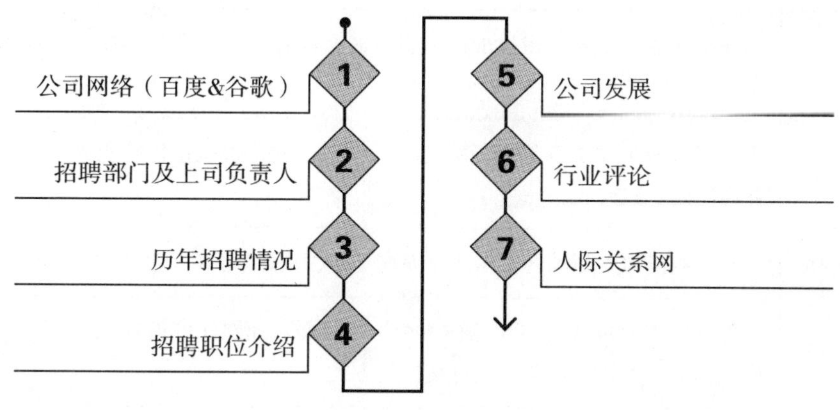

了解企业情况

当今社会，网络技术非常发达。企业一般都会有自己的网站，展示公司简介。应聘者需要了解企业的主要内容包括招聘部门或负责人（便于咨询）、历年招聘情况（公司稳定性）、招聘职位介绍（看是否符合自己）、公司发展情况、行业评论（行业前景）即人际关系网等。

只有了解了具体情况，求职者才不会去盲目地“碰壁”。

二、选择公司的标准

初涉职场的你，应该如何选择第一份工作呢？有关部门根据大量的调查和数据评估，为求职者准备了评判企业的八大标准，具体如下表所示。

选择公司的标准

标准数	标准内容
标准一	不在于是否有经常有出国培训机会，而在于培训是否能让你有锻炼的机会，能否帮助你弥补致命的职业短板
标准二	不在于你是否会犯错，而在于公司能否教会你下一次不再犯同样的错
标准三	不在于企业是否是世界500强，而在于你再一次选择工作时，此次的工作经历能否为你的履历加分
标准四	不在于你能否学到圆滑世故的处世方式，而在于有一个相对简单的人际关系去专心做事
标准五	不在于这份工作本身是否趣味无穷，而在于它是否能让你感受到工作激情并勇于向未知挑战
标准六	不在于能让你立刻赚到很多钱，而在于能否让你学到可以赚钱的过硬本领
标准七	不在于你能通过这份工作结识多少达官显贵，而在于能否让你通过这份工作积累工作人脉，学会与人打交道的方式
标准八	不在于工作环境是否足够奢华，而在于工作氛围是否舒服，并得到应有尊重和心灵自由

由此可见，选择公司并不是一件简单之事，而应该是对自己有薪酬之外的“价值”的。

毕业生找工作时，心态要放平和，慎重选择。在获得Offer时，要认真考虑自己是否真正适合这份工作，这个公司是否能够让自己有所成长和发展，要选择离自己的梦想最近的那一份工作。

故事分享

自己有主见才能获成功

秀秀和丽丽是同一届的大学毕业生，也是很要好的同班同学。学习文秘专业的她们，在毕业后单位的选择上却有很大的差异。秀秀性格内向，却一直盼望着能进入规模大一点、气派一些的公司做行政工作，觉得向亲朋好友说起来的时候比较有面子。通过各种关系，秀秀如愿进入了一家大规模的国有企业，虽然只是前台的咨询服务，但是当看到父母在向别人提及女儿时的自豪感时，她也就心满意足了。丽丽性格较外向，大局观也好。她并没有一味追求有名公司，而是根据自身的特点和专业，选择了规模不大但在朝阳行业内有着很好前景的民营企业。

两年后，当昔日的好姐妹再次相聚的时候，秀秀因为整日机械式的工作，没有任何发展空间而在三个月前就提交了辞职报告，现在身心疲惫地为今后工作的着落而奔波；丽丽现在是公司的中层管理干部，虽然出身于秘书专业，但是由于自身的勤学好问，加上公司业务的不断扩展，她也逐步兼顾财务、管理方面的工作，随着经验的丰富，她对企业的文化有了更深的认识。公司的蒸蒸日上，也使得成绩显著的丽丽被提升为副总经理。现在她所在的公司正在和加拿大的公司进行着贸易工作的洽谈，有望在年底得到一笔金额上百万元的定单。

从以上故事可以看出，一个有自己主见的人才能主宰自己的人生。很多时候，他人的议论，他人的说道，他人的观点，他人的态度都会对自己的心情和行为产生极大的影响。当我们认准了目标，并决心要实现这个目标时，就不能太在意旁人的说法和看法。如果老是被别人的看法左右自己的行动，让自己活在别人的目光里，那我们也许一辈子都将一事无成。

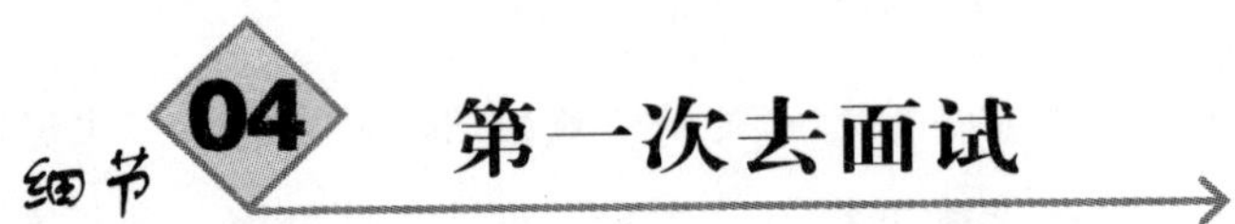

细节04 第一次去面试

参加面试，是决定新人是否能走进职场“围墙”的关键时刻。因此，职场新人要打好第一次面试“仗”。

一、试前准备

面试前，职场新人要做好以下四种准备：心理准备、深入了解公司、模拟面试情景和备好相关资料。

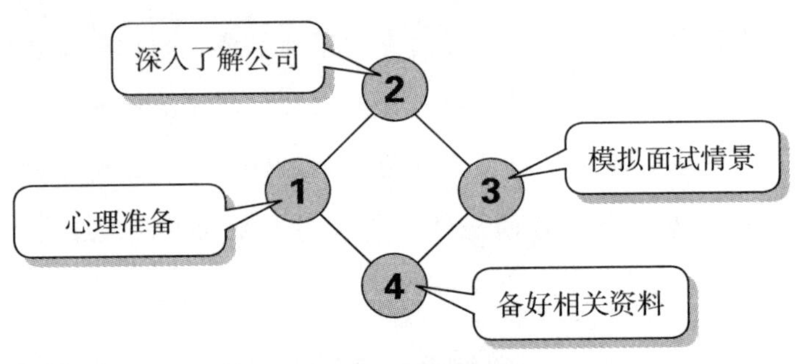

面试前的四种准备

1. 心理准备

（1）对应聘的职位展现出积极的心理态度。

（2）愿意学习、愿意为公司的目标而努力工作的态度。

（3）怀有较高的期望和诚挚的愿望，希望能与招聘人员面谈，进一步探讨对工作的适应度。

2. 深入了解公司

接到公司面试通知时，职场新人一定要再次深入了解公司。最好把公司的相关资料打印出来，背好一些重要信息。

3. 模拟面试情景

一般来说，求职者面试前都要做几次模拟面试。尤其是还未进入职场的毕业生，更需要多模拟几次。一般模拟自我介绍和面试问答。

4. 备好相关资料

面试前的资料准备必不可少。比如，简历、证书、公司相关资料等。

二、面试礼仪

面试礼仪是求职者面试成功的一个重要因素。其中，包括仪表、言谈和举止三方面，如下图所示。

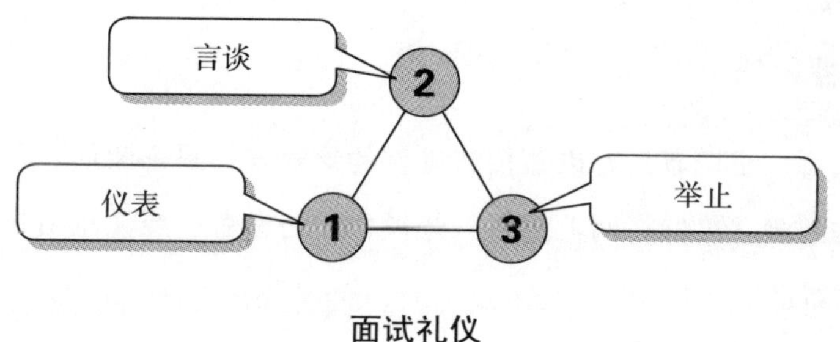

面试礼仪

1. 仪表

适当的打扮，并尽量跟从该公司的衣着标准。适当的衣着显示你清楚该公司员工的行为准则，至少应该穿得整齐得体。

2. 言谈

面试时，应聘者的言谈主要包括说话内容和说话态度。

3．举止

面试时，应聘者的举止非常关键，往往体现一个人的性格特点。因此，即使是初次面试，求职者也一定要表现得不卑不亢、自信阳光。

三、面试之后

面试之后，求职者最好以短信或邮件的形式发一封感谢信。回家后，求职者就要密切关注该公司的答复信息。同时，还要做好复试或者第二份工作面试准备，其面试之后应做事项如下图所示。

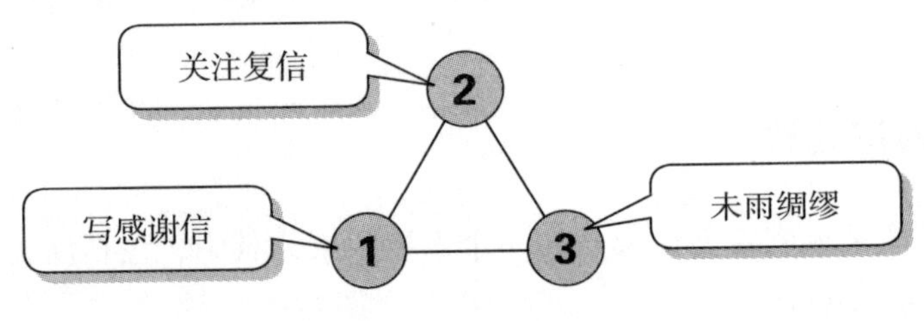

面试之后应做的事项

1．写感谢信

面试之后，求职者最好以短信或邮件的形式发一封感谢信。职场菜鸟没有写感谢信的经验，可以在网上搜索一些模板作为参考，要注意格式和内容的恳诚，切忌照搬。

【范本】

> 尊敬的××经理/先生/女士/小姐：
>
> 您好！
>
> 我叫×××，是××月××日××位参加贵公司××职位面试者中的第五位，我来自××大学××专业。非常感谢贵公司给了我一次面试的机会。

这次面试，开阔了我的视野，增长了我的见识，也相信您对我各方面综合能力的肯定，一定能够增强我的竞争优势，让我在求职的路上更加坚定自己的信心。

这次面试，我更加深刻地理解了贵公司的企业文化和管理方式。我十分欣赏贵公司的企业文化和管理方式，我也相信自己的专业知识、专业技能、实习经历和综合素养能够使自己胜任××的职位。

真诚期望有机会成为贵公司的一员，为贵公司的发展贡献一份力量。如蒙不弃，惠于录用，必将竭尽才智！

感谢您的赐读。

此致

敬礼

××敬上

×× ××年××月××日

2. 关注复信

面试之后，求职者要密切关注面试公司的回复信息。如果有复试机会或被录取就要做好第二步准备。如果超过复试通知时间还没复试消息的，可以再次打电话去该公司人力资源部咨询一下结果即可。

3. 未雨绸缪

面试之后，求职者还要做好复试或者第二份工作面试准备。

故事分享

拥有诚实的品质才能获得成功

某餐厅招一名保安部长。当时，应聘的50多人中，有警察学校的毕业生、有退役军人、还有大学生。最后入选的却是一位仅有高中文凭且貌不出众的毕业生。有人问何故，老总说道："我喜欢他老实！"原来，老总在那一堆夹着几份假文凭、假履历的求职信中，发现了这位只有高中文凭的小伙子。约见交谈之后，这位朴实憨厚的求职者给老总留下了良好的印象。老总再经明察暗访，证实了他的人品不错最后决定聘用他的。

常说："金无足赤，人无完人。"以上故事启发我们：人生立世诚为本。老实最终会带来好运。

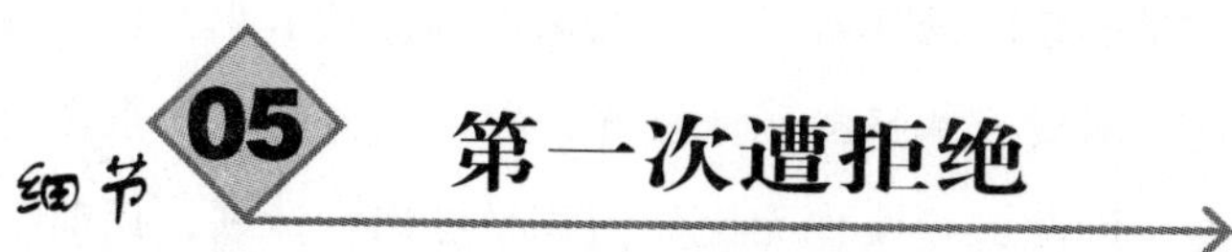

细节05 第一次遭拒绝

职场上，求职者被招聘单位拒绝是常见的事。尤其是还未入职场的“菜鸟”，更容易吃“闭门羹”。

一、容易遭拒绝者

职场菜鸟面试容易遭拒绝，主要是因为他们面试时有以下五种表现。如下图所示。

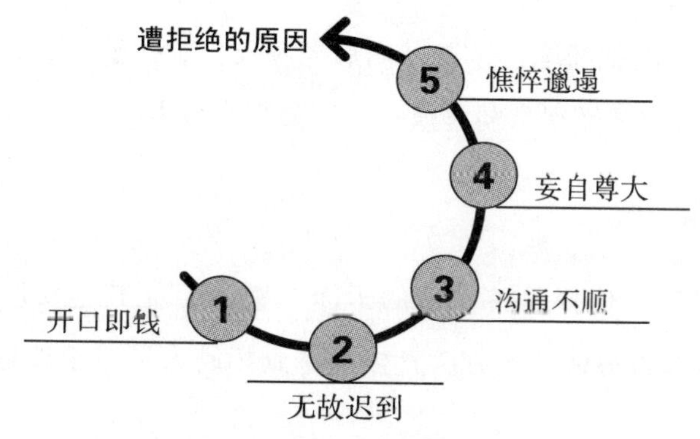

容易遭拒绝的原因

1. 开口即钱

谋职，谋的不只是报酬，更是职业发展机会。报酬并不是不可以问，但要讲究时机和氛围。如果刚坐下没多久，就开门见山、直奔主题地问起薪酬福利，会让招聘人员感到很不舒服。

2．无故迟到

不管出于何种原因，是搞错时间还是堵车，面试迟到都是求职大忌，很容易让人怀疑你对这份职业的需要及本身的职业操守，以及让人产生未来在公司是否也会频频迟到的遐想。因此，建议你无论如何要早做出行计划，提前半小时给自己缓冲时间。

3．沟通不顺

面试开始后，你需要在沟通中表现自信。如果介绍自己时结结巴巴，回答问题让人摸不着头脑，声音低得像蚊子叫，这样的人沟通能力实在欠佳，因为公司毕竟是一个整体，讲究团队协作，如有这种毛病的人建议多微笑或点头，来弥补不足。

4．妄自尊大

不管自认为有多么出众，在真正的职场精英面前只不过只是小儿科。试想，应聘者还没进门就翘尾巴，进公司后岂不飞上天？这是公司管理的禁忌。因此，职场菜鸟一定要懂得示弱之道，而不要妄自尊大。

5．憔悴邋遢

不需要穿名牌，但要保持衣着的干净、整洁。尤其是女性，你的衣着品味，脸上的妆容是否得体、大方，直接关系到招聘人员对于你是否拥有职业素养的印象分。

二、遭拒绝后崛起

职场菜鸟遭到招聘人员拒绝之后，不要气馁，要越挫越勇，奋力崛起。主要包括三方面，如下图所示。

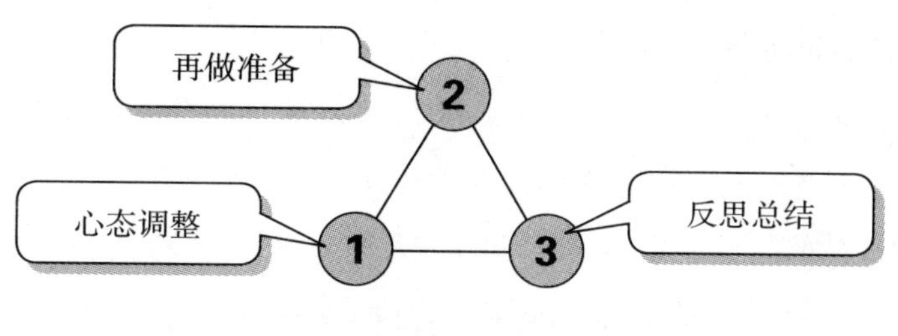

遭拒后崛起

1．心态调整

人生是非成即败，且不可能一蹴而就。因此，职场菜鸟遭拒绝后要及时调整心态，以免错失下一次面试良机。

2．反思总结

职场菜鸟遭到拒绝之后，不仅要及时调整心态，更要痛定思痛，进行反思、总结，找出失败原因，以作下次面试之鉴。

3．再做准备

失去“太阳”之后，应聘者就要及时做好获取“月亮”的准备，这是职场菜鸟要明白的。

总之，职场菜鸟不能因为第一次面试遭拒绝而消极气馁，而应该越挫越勇，迎接新挑战。

故事分享

高尔夫球让我打了个漂亮的求职仗

大学临近毕业，就业形势相当严重，而我又属于运气最差的那类。

第一次，有家电器公司通知我面试，出门前妆扮得太久，加上路上堵车，结果整整迟到了一个小时。工作人员扬起手上一堆报名表对我说：“小姐，你不适合做员工，适合做老总。”

第二次，我素面朝天地提早到那家礼仪公司，工作人员依然摇着头对我说：“注重仪表是对别人的尊重，你在学校没有学过吗？”

那段时间仿佛一场噩梦。

几天后，一家法国公司的招聘广告让我重新打起精神。这次的应聘很奇异，与前两次都不一样，公司对形象也没什么要求，那天我也很准时地到了应聘现场。

所有面试的人都集中在一个大房间里，考官给每个人发了一张试卷，上面只给了一道看起来简单的题目：法国每年买几个高尔夫球。没有其他数据，要求在35钟内完成。

这是个看起来无厘头的题目。初看的时候，我都傻眼了，后来仔细再看，这样的题目对我这个经济系的高才生来说并不算难，中间涉及的很多知识对我来说也轻而易举。

所谓的“法国买”其实就是法国进口。进口的数量与市场需求有关，市场需求与人口有关。法国有多少人口，这个我脑子里要有数。可以假设16～70岁之间有多少法国人，其中最有可能打高而夫球的30～45岁之间有多少人。为了使数据精确，我在试题上写着如何进行抽样调查。写完步骤后，我再假设45万人口在打高尔夫球。经常打的有多少人，这些人估计每年要用多少球，其他的人会多久打一次，需要用多少球。加起来就是法国总的市场需求。然后写下一组数字，我很满足地交了试卷。

这道题不是要你随便弄个数字，而是一个思考的过程。一个月后，我收到这家公司的录用通知。

以上故事应证了古人的那句话“世上无难事，只怕有心人”。这句话想必大家都很熟知。它告诉我们只要肯下决心去做，任何困难都能克服。同样，它也每时每刻激励着我们要坚持不懈，向成功走去！

相关链接

求职禁忌

1．隐瞒个人真实资料

简历是求职的第一步，只有招聘人员对你的简历有兴趣才会通知你面试。简历中千万不能有隐瞒个人真实情况或欺骗招聘人员的做法，否则会给招聘人员留下不诚实的印象，而这一印象也就决定了无论你能力再强，也不可能被考虑。因为，对于公司来说，员工的品格更为重要。

2．纠缠不休者

招聘都遵循一定的流程，说几时给消息就几时给，说了非请勿“电”、非请勿访就是不欢迎来电、来访，如果仍然纠缠不休，只能对你说拜拜。

3．朝三暮四

有的人一边表达进入公司的渴望，一边暗示自己在等考研结果，或说要看另一家公司是否录用。既然你给自己留了这么多后路，应该不在乎被招聘企业拒绝。

4．心态木然

有些应聘者非常茫然，盲目地投简历，收到面试通知后，木然地参加面试。相比做了准备的应聘者，面试前不仅浏览了招聘公司的网站，了解公司的历史，并熟识应聘岗位的基本职责要求，在这样的对比下，招聘人员将直接拒绝这些心态木然、不积极的应聘者。

细节06 第一次被录取

对于求职者来说，接到被录取的通知，不等于结束，而是新的开始。因此，对待录取之事不可马虎。

一、被录取后怎么办

职场菜鸟接到第一份录取通过后，会怎么样呢？该怎么做呢？主要有四种情况，如下图所示。

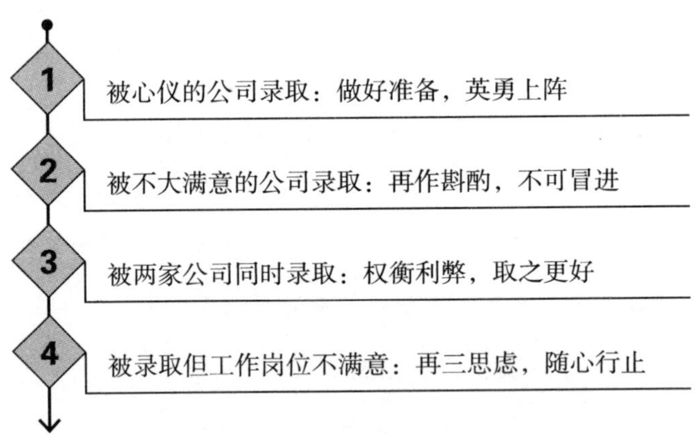

第一次被公司录取后的可能情况

1. 被心仪的公司录取

被心仪的公司录取之后，菜鸟们兴奋之余要认真做好上班准备，且带着谦逊而不失勇敢之心上阵。

2．被不大满意的公司录取

有时令求职者尴尬的，不是不被录取，而是被自己不大满意的公司录取。这可怎么办呢？职场菜鸟就得好好斟酌。

3．被两家公司录取

作为职场菜鸟的你，第一次就获得两家公司的录取，该怎么办？这就要求你必须仔细地比较两家公司所能带给你的价值，权衡之后，就委婉辞谢被放弃的公司。

4．被录取但工作岗位不满意

如果被录取后，但发现工作岗位不适合自己或者是自己不喜欢的，你就要及时向公司提出申请。如果短期内岗位无法改变的，你就需要再次慎重考虑，是否值得留下来。

二、谨防职场“陷阱”

菜鸟在求职过程中，由于初涉职场，难免误落“陷阱”。因此，菜鸟要谨防以下五种职场“陷阱”，如下图所示。

谨防职场“陷阱”

1. 险入“传销道”

【实例】

小王是某大学计算机专业的毕业生。在小王即将大学毕业时，他将求职信息发到了几个大型人才网。信息发出不久，广州某家电子公司给他打来电话，说他的情况符合公司招聘条件，想对小王进行深入了解。在近半个小时的通话中，对方不停地就组织过什么活动提问小王。通话结束时，对方留下了公司网址。挂掉电话后，小王立即浏览了该公司网站，了解到该公司是销售电脑配件的。小王对技术员的职位相当满意，3天后，他主动拨通了该公司的电话，对方说正要联系小王进行面试，“嘀”一声电话录音开始……小王顺利“闯”过面试，并与公司谈妥了3000元的月薪。公司要求小王一个星期内必须到广州报名。就在上火车的前一天晚上，小王在网上无意中浏览到了一则消息，“一个毕业生应聘到广州某家电子公司后，被公司人员安排到一间封闭的小屋内，强迫其接受传销知识，毕业生砸破了玻璃才逃离”。事后，小王经多方了解，得知那家录用他的公司就是一家传销公司。相似的求职经历把小王吓出了一身冷汗。

【分析与建议】

求职大学生若接到不熟悉或未投简历的公司的面试通知，应先向有关部门查询、核实该公司的真实情况，再去面试。若一个单位长时期刊登同样的广告，说明该单位可能在用人方面存在一定的问题。

2. 被扣“身份证”

【实例】

某高校法律专业的大专生小李即将毕业，为了尽快还清助学贷款，小李找到了一家职介中心，希望尽快找一份高薪工作。这家职介中心以介绍工作为由，将小李的身份证等证件扣了下来，给小李介绍了一个跑长途货运的工作。可小李看过工作环境后，发现与职介中心描述的相差甚远，便要求职介中心退还他的身份证等证件，可该职介中心却提出让小李交800元的介绍费，才能拿回抵押的证件。无奈之下，小李报了警。

【分析与建议】

大学生求职时应尽量到正规的招聘会，如各大高校每年定期举办的招聘洽谈会。切记，不要将自己的任何证件交给职介中心（所）或用人单位，也别将自己身份证号等重要信息透露出去。

3. 收取“保证金”

【实例】

小李是某大学汉语言文学专业的毕业生，不久前在一次大型招聘会上，她看到了某培训机构招聘语文教师的广告，试用期3个月，试用期的工资为每月1800元，转正后每月底薪2000元，同时有教课提成。小李觉得能找到与专业对口的工作很不容易，便毫不犹豫地投了简历，参加了面试、笔试。然而，签约时，公司却要求她交3000元的保证金，说是避免她在短期内跳槽，保证金在两年后返还。

【分析与建议】

根据相关规定：用人单位在与劳动者订立劳动合同时，不得以任何形式向劳动者收取定金、保证金（物）或抵押金（物），不得有欺诈行为或采用其他方式牟取非法利益。向求职者收取费用的用人单位，由劳动保障行政部门责令其改正，并可处以1000元以下罚款，给求职者造成损害的，还应承担赔偿责任。

4. 骗交“培训费”

【实例】

师范专业应届毕业生小智，与不少同专业的毕业生一起参加了某保险公司下属培训中心教师的招聘考试，小智很快通过了笔试，并顺利参加了面试。一番面试后，公司已经决定录用小智。但是，在被录用之前，公司要小智先进行保险业务培训，并要小智掏100元的培训费，小智感到纳闷，应聘的是教师职位，可为什么要参加保险业务培训？公司对此解释为新来的员工都要到公司基层锻炼。

【分析与建议】

以录取作为诱饵，骗取培训费已是屡见不鲜了，但仍有毕业生求职心切，掉入此类陷阱。根据规定，一般正规公司会向求职毕业生说明试用期，即使求职者在试用期没有通过，也会得到相应报酬。至于培训费，一般由公司担负。

5. “高职”为诱饵

【实例】

小王是某大学计算机专业的毕业生，他和同学一起应聘一家颇具规模的保险公司的网络管理员职位。通过递交简历、笔试、面试后，小王他们被录取了。然而，一到公司，公司便要求小王他们进行为期一个月的保险业务培训，随后，公司让他们拉业务，而且，之前许诺的工资待遇也完全变了样。对此，公司解释说菜鸟都应熟悉公司业务，到基层去锻炼一下，小王这才意识到自己已掉进了招聘陷阱。

【分析与建议】

大学生求职时要搞清楚应聘职位的具体内容，仔细分析，询问工作细节。某些用人单位提供的职位，常常冠以好听的头衔，却强调无需经验，这里面大多有猫腻。有一些招聘单位虽在招聘广告中列出要招聘的多种职位，其实这些职位都是做业务员，甚至没有底薪。

总之，菜鸟求职是最容易误落陷阱的，你一定不要成为其中一个。

故事分享

试用期后，该走的是谁

我和宿舍小林是同时收到某公司的试用通知书的。令人惊喜的是，我们俩被分配到行政部，而部门经理正是两年前毕业的我们的学长！

第一天上班，他笑盈盈地接待了我们，我和小林喜出望外。学长也非常兴奋，但是他很快就控制住情绪，给我们介绍公司状况，并且分派任务。他说："你们两个要加油！我这边只有一个名额，三个月后免不了有人要卷铺盖哦。"

接下来几天，在学长的引领下，我们渐渐熟悉了简单的业务运作流程。头一个月，两个人都很卖力，即使最单调的工作也做得津津有味。

新鲜感很快就过去，小林对手头的工作产生了不满情绪。她变得非常热衷于"串门"，每个部门到处乱窜，到处拉关系。学长安排给我们的工作，虽然简单，却也排得很满。原来，小林使唤上了来我们部门进行社会实践的两个实习生。凡是打字、复印的活儿，她就交给两个实习生来做。只有给各部门的经理送交文件，她才亲自出马。

试用期即将结束，学长叫我整理报销表，我发现小林把一张不符合报销标准的私人发票夹在里面，就拣了出来。小林不满地说："大家交情这么好，你就不能睁一只眼，闭一只眼？"那天下午，她围着学长嘀嘀咕咕了好一阵，我感到学长的脸色渐渐阴沉下去。我想：我肯定没有留下来的希望了。

决定命运的时刻终于来临。出乎意料的是，留下来的人竟然是我！

这个经历给人的启发是：责任心是一个人的品格问题，也是一个人素质高低的体现；能力与责任没有直接的关系，有能力不等于你负责任。对于一件事，你有能力去做，却没有责任心，也会被淘汰的。

细节07 第一次上班

第一次上班，职场菜鸟会带着既紧张又兴奋的心情。菜鸟应做一个细心的人，同时不失礼仪，给新同事留下良好印象。

一、第一天上班怎么做

职场新人注意了，第一天上班你不可不知道以下几个小细节，如下图所示。

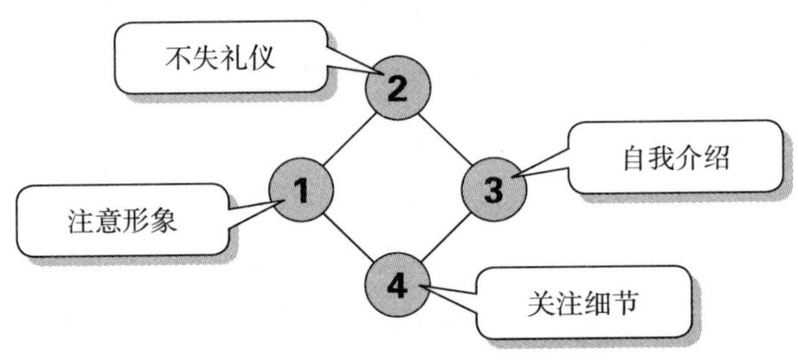

第一天上班这样做

1. 注意形象

职场菜鸟注意了，第一天上班你要注意自己的形象。一般企业都要求穿比较正规的服装，如衬衫西装。如果是艺术类行业，就可以穿比较休闲的服装。总之，你在面试时要注意该公司员工所穿服装，继而“依瓢画葫芦”。

2. 不失礼仪

不失礼仪是指不迟到、勤问候、态度谦和等方面。作为新人的你，第一天上班一定要问候上司和同事，并且小心谨慎做事，求教时更要谦虚诚恳。

3. 自我介绍

自我介绍也是新人给同事留下深刻印象的关键。语言要清晰有序，名字要巧说，并表示出谦虚受教的态度。

自我介绍范例

大家好，我是广告部新来的业务员（部门职位），我的名字叫做“贾勤”，“贾”是贾宝玉的“贾”，“勤”也就是勤能补拙的“勤”。人如其名，我不是很聪明，但是我相信勤能补拙，一个勤奋的人，运气总不会太差，并且我热爱销售事业。没错，我把销售并不看作是一份工作，我更希望它能成为我的一份事业，通过自我努力付出，得到一份职场上的肯定。同时，我的性格开朗，喜爱交朋友，相信能够和大家相处得融洽。另外，对于我的不足之处，也希望大家能多多包容和指正，我先再次表示谢意！

4. 关注细节

第一天上班，你还要做一个有心人，关注公司的细节之处。比如：哪个地点怎么走，上司来了怎么做，同事工作或休息时的小细节怎么样等。

二、第一天上班需考虑什么

对于职场菜鸟来说，第一天上班很重要，需要考虑以下几件事，如下图所示。

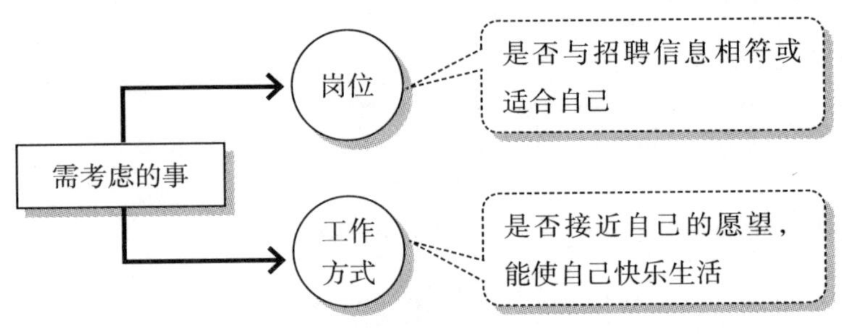

第一天上班需要考虑的事

1. 岗位是否与招聘信息相符

很多公司招聘时，所写岗位信息与实际信息不符。如果你是职场菜鸟，便要在具体工作中找出其中的同异。如果岗位不差，主要工作合意，可以考虑留下；如果岗位变更，且工作离自己所想差之千里，那就可以放弃，另作打算。

2. 工作方式是否适合自己

工作方式，也是一种生活方式。你爱挑战、爱奔波，或喜欢静静做事、默默钻研，都是一种方式。因此，你第一天上班后需要考虑的事情便是：这样的工作方式真的适合我吗？

最好不要为了有一份工作而勉强自己留下。其实，第一份工作对你的意义无比重要，最好追求最接近自己愿望的工作。只有这样，你才能从工作中找到乐趣，才能快乐生活。

故事分享

第一天上班的尴尬

今天上班第一天，我有点尴尬。

下午翻译上司就拿了一大堆的资料给我，问我明天上午之前能不能完成。天啦，这么一大堆有难度的资料，正常人做至少也得两个工作日啊，居然问我在8个小时之内能不能完成？这是在试探我呢，还是给我下马威啊？我不明白，只能笑着摇了摇头说“不能”。

大家坐在座位上一天都没动，终于等到下班时间——六点钟了。可是，翻译部的五个同事都还坐在座位上一动不动。什么意思？都不想下班？于是，我硬着头皮又坚持了15分钟。可是，她们还是不动。

到了六点一刻，我肚子也饿得咕咕叫了，怎么办？又没有人告诉我要加班。我终于忍不住问身后的同事，你们怎么都不走？她轻描淡写地说：任务还没完成呢。我倒吸一口冷气。什么意思？任务完不成不能下班？那要是一天分两天的任务岂不是晚上不用回家了？

想到自己家比她们的离公司远，我就关了电脑起身离开。走时想起要跟上司请示下，顺便问了问：大家都在加班么？她说：是啊，最近一直很忙，可能一直忙到十月份……我一听，晕头了！我已经关了电脑，只好硬着头皮说：那明天我跟大家一起加班。她微笑着问：你今天有事吗？我更晕了。只能撒谎说要买东西，赶紧逃离了。

面试的时候不是说好很少加班吗？怎么一来就开始让加班了？哎，看来我得做好赴汤蹈火的心理准备，从明晚开始要跟她们一起加班了。

如果加班是一种常态，企业通常会在面试时予以告知。“很少加班”则意味着“忙的时候需要加班，但这样的情况比较少”。故事中的主人公恰巧第一天上班就遇到了这种情况，而她心里则将“很少加班”当作“不要加班”了。这也是许多职场菜鸟常会遇到的尴尬情况。

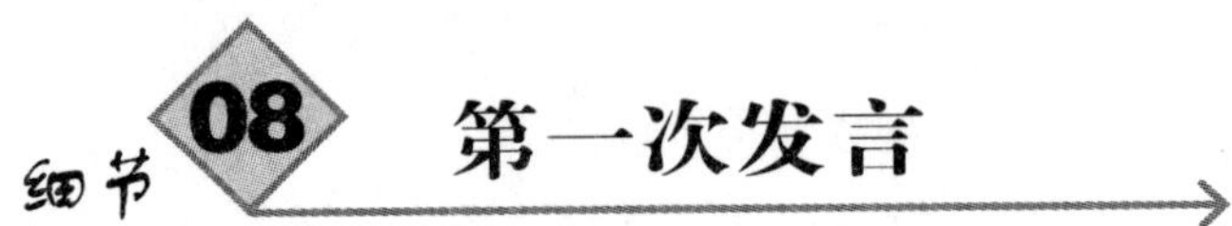

细节08 第一次发言

言谈，是一个人素养内涵的外在显现。在职场中，发言可以使你脱颖而出，也可能使你被“炒鱿鱼”。

一、职场发言技巧

的确，职场中的发言需要技巧，菜鸟们要特别学学其中之道。

新入职的菜鸟是个怯生生的小姑娘，平时工作不张扬，尤其到了开会的时候更是基本不发言。你问为什么？她觉得大家讨论得都非常的激烈，自己也插不上话。甚至有一次，她悄悄地问组长自己能不能不去了！答案肯定是否定的。

对于这样初来乍到的菜鸟，可以说是很多人的缩影。作为菜鸟，他们刚入职场不懂此“江湖”的规则，看看周围忙碌的同事，快节奏的工作方式，光鲜亮丽的办公室，及灰突突的自己，对比太强烈，心里不禁暗生了自卑情绪、没了底气，这样在人多的时候，也就没了自信去表达自己的观点，“发言”变成一件要命的事，每个字都卡在喉咙里吐不出，憋得满脸通红。

故事分享

职场新人，怕出错不敢发言

工作中，我不敢发言，因为怕出错，怕大家笑话我。作为新人，开会时更多的时候我都是在听，他们说的观点，我也有觉得不对的地方，也想指出来，但想想还是算了。有时我也想提自己的想法，可总担心自己想得不够周全，说出来会让主管认为我能力太差，不想暴露自己的缺点。于是，在大家争先恐后谈业务的时候，我选择了沉默。

但沉默并没为我的职场印象加分，相反，同事们觉得我是没有激情没有想法的小姑娘，交给我的都是些无关紧要的事，渐渐地，我沦为一个打杂的。

我心里委屈得要死，找了个机会，鼓足勇气找上司谈了谈，她也很惊讶："没想到你有做番事业的心，我还当你就是来混点的呢？平常你又不怎么参加大家的讨论，发言又少。"

一番长谈后，我试着融入大家的谈话圈子。很意外，当我说得不对，或表达的观点明显很幼稚时，大家并没有嘲笑的意思，只是一笑而过。

也许，发言并没有那么难，也没那么严肃，那是个允许出错，允许被大家笑话的一种沟通方式。

以上故事告诉我们越是新人越要多发言。其实，最不怕出丑的人应该是职场新人。正因为他们新，所以说一些不靠谱的话也容易得到谅解。

职场新人不要怕，完全可以有什么说什么，想怎么发言就怎么发言。只有常发言，别人才知道你内心的想法和观点，当你出现错误观点时，同事或者主管才会及时发现，帮你指出，帮助你改正，让你更快地成长起来。

就像学走路的婴儿，如果总是怕摔跤，怎么可能走得起来呢？只有摔一次，被人扶起来一次，再摔，再扶，才有可能最终学会走路。

那么，新人在职场如何发言？可以从几个方面做起，如下图所示。

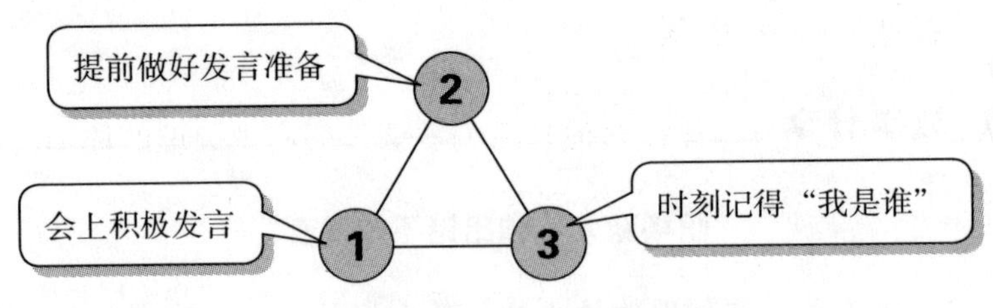

职场发言应做的方面

1. 会上积极发言

虽然职场开会是常事，但常事不意味是小事，尤其是新人在职场会议中的表现，是上级对你考察的重要平台，保持积极的态度是新人的第一条守则。

2. 提前做好发言准备

这就是提醒菜鸟在发言前做好准备，一般开会都有相关的主题，在通知开会前，新人不妨整理下相关的资料，以备接下来做好发言。千万不要信口开河，轻率地想说什么就说什么，要知道“露巧不如藏拙”才是处世之道，整理好自己的思路，让他人能清清楚楚地明白你在说什么。

3. 时刻记得“我是谁”

不要因你是“新人”就觉得矮人一等，不敢发言；亦或者觉得什么都可以往外说，严重的“喧宾夺主”、妄自抢功。你要知道你是谁，处在什么样的位置上，你需要展现的是什么，你不仅仅要考虑你自己，更要懂得站在公司的角度，尊重你的同事，你的上司，如此才能被他人尊重并看好。

说到底，新人在职场中发言也是关乎勇气与智慧的问题。如果你也是个初出茅庐的职场新人，刚进公司，不妨多学习周围的人，提高自己的沟通技巧，越是不说越不知道从何说起，掌握好说话的“度”，追求简洁有力，相信一定会越练越好。

二、不良发言的后果

新人的第一次发言，往往对他日后的职业发展有很关键的作用。因为，第一印象总是能让人记住。因此，发言不慎，便可能造成不良后果。

故事分享

被轻视的“脱口而出”

小萧是一名广告策划，还在试用期。她对自己“转正”很有信心：一方面自己思维活跃创意很多，另一方面自己文笔不错。而且她也看得出，老板对自己这两方面的才能还是挺满意的。

一次老板带她去见客户。听客户说他们想开发一个新化妆品牌，小萧马上说：“目前化妆品市场都被做滥了，小打小闹的没啥做头。”见客户面露不悦，她又马上转口说：“当然，如果您有足够的资金实力，也可以……”客户没理她，直接对她老板说：“如果由她来做这个策划，我看我们没必要谈下去了。”

口才也好、思想能力也罢，轻浮，尤其是不分场合地口不择言，往往真的是祸从口出。何时展现才华、何时谨言慎行，很多时候要明白“闭口不言也是智慧”。所谓态度决定一切，言谈举止中，我们可以看清楚他人的为人，也可以被他人看得清清楚楚。不要把“聪明”两个字刻在脑门上，那会很傻。不要一开始就把自己的底牌铺排在桌面上唯恐人家看不到，猴子爬得太高，只能让人看到红屁股。

故事分享

后果严重的“喧宾夺主”

小刘就职于上海某公司武汉分部，任部门经理助理。入职不到半年，总公司通知各分部负责人开会。顶头上司让小刘帮忙整理武汉分部近两个季度的运营材料，并且带他赴上海开会。

在会上，当总经理问起武汉分部的经营状况时，小刘抢着说："经理这段时间比较忙，近两季度的材料是我负责整理的，比较熟悉情况，还是我来汇报吧。"无视顶头上司黑下的脸和大家诧异的目光，小刘旁若无人地作起了报告。一周后，他被辞退了。让他没想到的是，要炒他的人不是他的顶头上司，而是总经理，对方嫌他"太没规矩"。

换位思考是每一个职场新人都需要完成的功课。设想小刘经过努力升到了高位，却被人越级邀功，恐怕也会很难受。在管理层面来说，无论是面对外界抨击的出手相助，还是面对内部矛盾的平衡节制，保护下级是老总们重要的工作内容之一。没有人能接受一个肆无忌惮越级邀功的人，这不仅仅是素质问题，更是道德问题，留这样的人在公司，会寒了所有人的心。

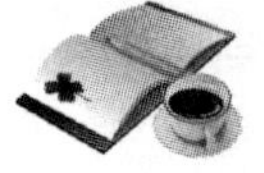

故事分享

惹人厌烦的"喋喋不休"

小林是一名销售员，在他看来，搞销售就是靠一张嘴吃饭的，能说会道是一个优势。他是个很能说的人，不管在什么场合和什么人，他都能胡吹海侃一通。有他在的场合，永远不会冷场，因为他太爱说话了。

有一次因为一笔订单出了问题，销售部召开紧急会议商量解决办法。经理刚说完"请大家积极发言"，小林就举手了。不等经理点名，他就自顾自说开了。接下来的十几分钟里，他都在不停地说，经理几次暗示他，让他"简明扼要说出解决办法就行"，旁边的同事提醒他"跑题了"，可他置若罔闻，依然在那唾沫横飞地大谈"责任心"之类的问题……经理最后忍无可忍直接打断了他："如果你没什么建设性的意见，就把时间留给其他人吧！"场面十分尴尬。

无论在艺术作品的鉴赏中还是在日常交往的过程中，“简单最美”。深思熟虑简明扼要切中主题的谈话，既不浪费他人的时间，也不耗费自己的生命。想想那些流传甚广的经典广告语和各种口号，如滴滴香浓、意犹未尽、以人为本……在信息的传播过程中，冗长的叙述只会被遗忘，简洁的表达才会令人印象深刻。

总之，职场新人的“发言”重于泰山，要谨慎以对。

第二章

2

职场新人·人际关系

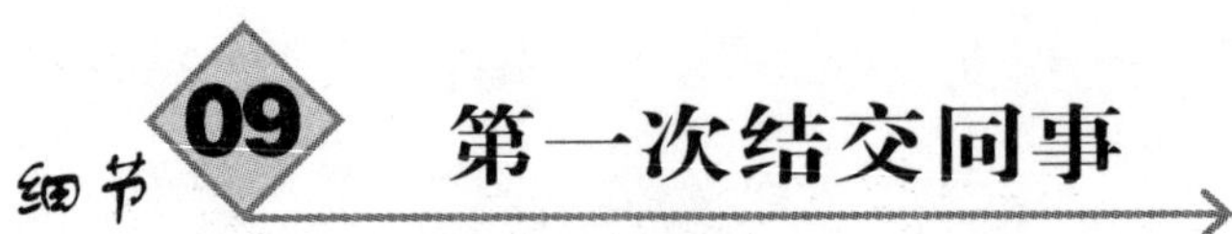

细节09 第一次结交同事

工作中打交道最多的就是同事了，所以，菜鸟要处理好同事之间的关系。一定要在最短的时间里记住同事们的名字，也要让他们记住你。在这个观察与学习的过程中，找出你的职场贵人。另外，记不住同事的名字是件很没有礼貌的事情。在称呼对方的时候去掉对方的姓，直接叫后面的名字，可以迅速拉近两人之间的距离。

一、如何跟新同事相处

对于那些刚到新的工作岗位的菜鸟，人际关系是很重要的，人际关系主要表现为与同事和上级之间的关系。怎样处理好这方面的人际关系呢？以下几条可供参考，如下图所示。

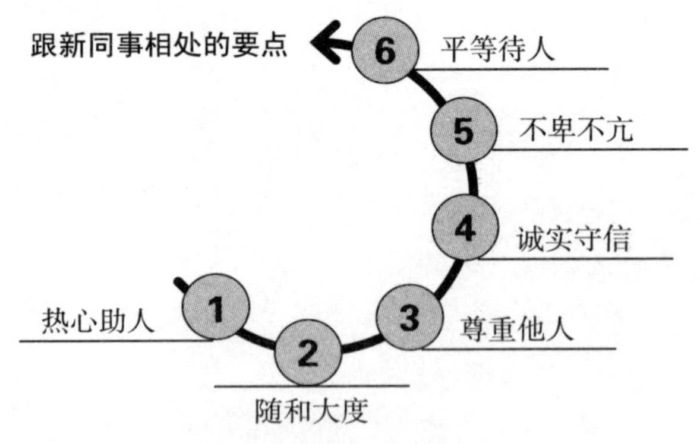

跟新同事相处的要点

1. 热心助人

助人为乐是做人的美德，当身边的同事遇到困难时，热情真诚地给予帮助，是增进友谊的“黏合剂”。而那种凡事只怕自己吃亏，遇困难就躲，见荣誉就争，贬低别人，抬高自己的人，不仅不会赢得别人的好感，更不会得到别人的帮助，人际关系肯定紧张。

2. 随和大度

在与同事交往时，平易近人，随和主动，会给人一种亲切感，人们自然会愿意跟你相处。相反，清高自负，自命不凡，或性格孤僻，不和群的人，别人自然会对你敬而远之。彼此交往中难免会产生一些摩擦或误会，当自己受到委屈或误解时，要胸怀大度，宽以待人，不要斤斤计较，不要感情用事，这也是搞好人际关系的良策。

3. 尊重他人

同事中每个人的秉性、志趣、爱好都各有不同，职位、能力、水平也各有差异，毕业生新到一个单位，要像尊重老师那样尊重每一个同事，不要以己之长比人之短，不能歧视和嘲笑那些与自己观点不同甚至某些方面不如自己的同事，这样只会伤害他人的自尊心，造成人际关系的疏远。

4. 诚实守信

诚实，就是待人处事真心实意、实事求是，不三心二意，不搞当面一套，背后一套；守信，就是恪守诺言，言行一致，说到做到。诚实守信是做人的基本准则，也是创建良好人际关系的基本要求。只有诚实守信，才能在交往中互相了解，彼此信任，和谐相处。

5. 不卑不亢

处理好上下级关系，是人际关系中的重要方面，明智的做法是不卑不亢。不能因为是你上司就一味阿谀、奉承献媚讨好，这样既有损人格，也会使正直

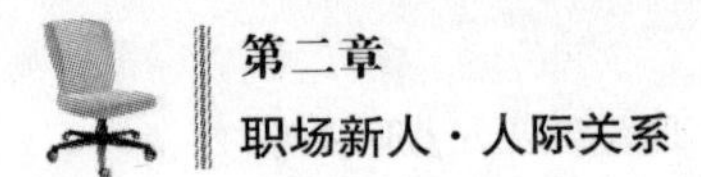

的主管和同事反感。另一方面，必须尊重上司，服从上司。上司布置的工作要认真完成，有不同意见，应该用恰当的方式提出，不能自行其是，更不要当众拒绝，损伤上司的脸面。

6. 平等待人

来到一个新单位，同事之间无论职位高低都应平等相待，不要有亲疏、厚此薄彼，不要冒失地卷入单位的人事纠纷中，切忌拉帮结派、搞小圈子，而要以平等、诚恳的态度待人接物，尽力与每个同事创建正常友好的关系。

总之，作为职场新人，要充分地展现出自己的人格魅力，以获得人际关系中的“通行证”。

二、怎样与同事做朋友

在日常工作中，该怎样和同事在有限的空间内和平共处、公私分明，确实让人头疼。行走职场之中，如何在同事和上司间自由穿行，看准时机找准定位，打破原有人际关系的平衡从而让自己脱颖而出？看完下面几个故事，你就知道该用什么方法去跟同事相处了。

故事分享

对上尊仰对下体恤

两年前，我24岁，从秘书专业毕业，行政助理就理所当然成为我的第一择业目标。

因为没什么工作经验，刚到公司时不能合理地安排好时间，8小时的工作变得异常忙乱。同事Anna在公司已经4年，算是老员工，说话也很有威严，我就总找机会跟她请教处理事情的方法，并且学习怎样进入角色。因为是同级关系，工作职能不同，也没有太大的利益冲突，我们慢慢成为无所不谈的好朋友。可是有一天，公司突然宣布要从助理中选一名作为总裁助理，这不仅意味着在公司的地位、待遇都有大幅度提高，也意味着将扩大职场的提升空间。当我征求Anna意见的时候，突然发现她一改常态，支支吾吾地找借口搪塞我。而在内选测试时，我终于明白，坐在一旁的Anna原来是怕我成为她的竞争对手。

好在我的英语底子不错，应变能力也很强，在这次测试中脱颖而出，从此告别了原来的岗位，成为直接能拿到总裁口谕、上传下达的角色。想到以往Anna的指点，以后在传达工作的时候还需要她的支持，朋友的关系需要珍惜并维护起来。我约Anna一起吃晚饭，先对她说了些感激之辞，待她消除对我的戒心后，我又跟Anna探讨了很多工作上的事情，譬如怎样和总裁相处，又如何对待下级等等，Anna都一一耐心解答。

此后，我听取了Anna的意见，对工作认真负责，在和老板的日常接触中，不卑不亢。老板做了错误的决定我不会马上反驳，而是从客观的角度给老板一定的建议。但我也不会和老板走得很近，即使是一起吃饭，也尽量找一些很正式、视野开阔且有客户陪伴的商业场合。对于老板的私事绝对不过问，如果这些私事和日常工作也有牵涉，一定会和老板先确认，是否一定要我去做，是否在我的职责范围之内。如今，我已经做了一年的总裁助理，无论是中国老板还是外国客户，都对我赞赏有嘉。

对需要支持我工作的同事，我也都会把事情交代得很清楚，并给他们一定的建议。私底下我也会关心同事日常生活的细节，譬如看谁中午常常是带饭来吃的，我想也许是经济上有问题，也许是工作餐不合口味，我就会经常给他们买些酸奶、水果等，大家一起吃着玩着关系就近了不少。总之，就目前从业两年的状况来看，我学的东西还真不少。

（1）新人入行，需要找对师傅。人品好、威信高、心地善良的领路人对自己日后的发展有很大帮助，可以通过工作接触仔细比较，并积极主动请教。

（2）同级之间，一旦发生利益冲突，不要急功近利，要多想想如果得到机会自己会有什么发展，多从长远的角度权衡利弊，尽量走公平竞争路线。忌讳拉帮结派，有一两个关系甚密的同事，遇到问题一起商讨足够了。

（3）面对上级分配的工作，首先要负责、认真，充分理解上司意图后，再去执行。千万不要依靠主观来决断，同时和老板保持恰当的距离，尽量不要在同事眼里产生巴结之嫌，影响同事关系。

（4）对待下级，要给予一定的生活关怀，交代工作的时候要耐心细致，帮忙做些分析。

故事分享

看准范围找好目标

我的职业要求我一定要广泛结交。我给大家的建议是，你一定要充分利用每次社交活动的机会，去发现和寻找你目前需要或者以后有可能需要的人来沟通，甚至成为朋友。

首先你要挑选一些社交活动参加，不一定非要和自己的行业相关，但一定是你感兴趣的。譬如一位做室内设计的MM，需要寻找灵感，每天要根据客户的喜好去定位房间的风格，而这些创作的灵感并非永远存在，她会经常参加文化展、书展等活动，结交些不同风格的艺术家和不同身份的观众。上一次时装周的时候，她认识一位做内衣品牌的经营者，刚好想在北京做一个店面，急切需要室内设计经验丰富的人来把握整体感觉，结果那一个月，她不仅完成了本职工作，还接了这个很有挑战性的私活，不仅月入颇丰，也给自己找到另外一条发展出路。

也有人认为认识太多人并非好事，这里面就有一个范围的问题。前几个月我们公司接了一个品牌展览的项目，不仅要请明星、模特，还要处理台面包装，包括灯光、线路等诸多问题，虽然一起做的同事不少，但已经没有足够的时间现去打通关系，靠的就是平时结交的功夫。其他行业的人，相信也是一样。

现在的就业人群，很容易被自己行业的小圈子束缚，每天来来去去接触的就是那几个人，难免思维及生活空间不开阔，即便以后想跳槽或者转行也会大费周折。我24岁入行，如今结识的人数以千计，虽然不能每个人都成为知己好友，但关键时刻能说上话对我而言就足够了。

（1）同行业结交。最主要是资源互换，能否双赢是结交甚至结拜的关键。一旦熟络，要保持联系，一起喝茶、逛街、八卦，对维系感情都是不错的选择。最主要的是，你们可以彼此帮助，一起开心。

（2）跨行业结交。跟着自己的爱好走，即便结交也是同一类人，打破陌生局面也不会引起尴尬，等于将日常生活的圈子扩大。如果有了困难需要解决，在圈子中传一传，要比做广告的效果好很多。

（3）要善于交际更要善于打理不同的关系。名片分类保管，保持定期联系加深自己在对方心中的印象。不要怕麻烦，记错对方的姓名或者职务，都会降低自己的被信任感。

故事分享

把握尺度公私分明

朋友是把双刃剑，职场中的朋友如果结交过密，难免存在私念，有违公正，过分听信对方一面之词，则不能对事情有充分的认识，影响自己的判断。我就曾经因为朋友的事情，差点被报社开除。

当时我刚从实习生转正，有独立采写文章的能力，因为一次独家深入报道某食品对肠胃会产生负面影响，不仅在读者中引起广泛的关注，而且也因取证客观，得到了报社的嘉奖和肯定。可是一个月后，一个过去在报社做过的老同事找我，说这种食品是她一个闺中密友创办的，经过这样的负面报道，其利益严重受损，能否由她提供成分说明，并在报社上发一个声明，表示这种食品其实对人体的伤害并没有想像中的严重。

我感到很为难。首先自己刚刚转正，再有这个稿子是我自己采写的，我知道其中的原委。可这个老编辑毕竟对我很照顾，而且私人关系也还好。当时我只好重新组了声明稿，在上司那里含糊地说明一下，就见报了。见报第二天，我不断接到读者的电话质疑。我因为这事又变成了实习的身份，半年来的辛苦等于白费，那位老编辑却从此不见了踪影。

经过这件事情后，每当再遇到工作上需要决断的时刻，我都会给自己提个醒，要公私分明，对侵害公众权益的事，哪怕豁出去得罪了职场中的朋友，也不能手软。

再就是单位大了，难免会有各种议论，千万不要参与其中，即便有的时候朋友跟你说了些什么，也不要深信不疑。时刻坚持从一种公正客观的角度去处理问题，不要太过感性，如果是坏的议论听到就可以了，不必再充当传播的媒介。

（1）不要太介入同事的私生活，尤其是办公室恋情。在一起工作，追究那么多一点好处没有，反而会被划为长舌妇的行列。

（2）不要恶意传播绯闻，随时随地发表不公正言论，或者受到别人影响，轻信别人的挑拨等。

（3）任何侵犯公司利益、违反公司规章制度或者是法律不容许的事情，即便是碍于友情，也不要轻易陷入其中，一定要公事公办，工作第一，友谊第二。在公私分明的前提下，学会好好与同事相处。

相关链接

为职场交友支招

结交朋友，还要懂得参透对方心理，在谈话过程中，要给对方留有余地，做个含蓄的人，不要乱拿别人的过失开玩笑，也不要随便谈些不切实际的话题。

1．尊重对方的决定

“我支持你！”看起来是句极为简单的话，但在交际行为中却很重要。尊重朋友的决定，即便是随时都可以提出异议，说出心中的疑虑，也要给对方留有考虑和决定的空间，但是绝对不要在事情发生之后推卸自己的责任。

要学会换位思考，多站在对方的角度上思考问题，简单有效地去执行一件事情，让对方明白你才是真正能够跟他站在同一战壕中，真正理解他的人。

2．发挥个人语言魅力

陌生人见面，总会有一个适应的过程，适当说些小笑话，发挥个人的语言魅力或者保持微笑，会消除生疏感，同时，幽默感也可以化解一定程度上的职场冲突。

3．不要触碰禁区

多说话表示热情，但是话题永远不能过于开放，尤其是涉及敏感工作或个人信息时，也要适当避免敏感话题，不要去探究别人的年终奖、月收入等之类，如果换作你被问，如果不是交往过密，相信你也不愿告诉别人。

4．不可能结交所有的同事

为人善良固然没错，但个性差异以及在职场中担当的不同角色，决定你不可能结交所有的同事。过于消沉、负面的职场朋友不结交也罢，一而再、再而三推卸责任的同事，也没有必要姑息。要团结人，而非建立个人小圈子，职场上没有绝对的坏人，即使是爱使坏的人，他也愿意和好人交友。保持一颗平常心，顺其自然，遵守原则，相信你会在职场中，找到一群真正投缘的朋友。

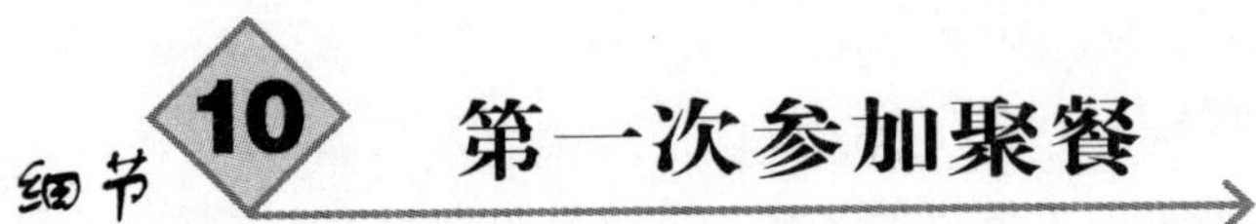

细节10 第一次参加聚餐

职场上，公司聚餐少不了。对于职场新人来说，第一次的工作聚餐一定不要推脱，因为这可能是上司想要帮助你融入团队的善意安排，顺便让大家认识你，方便你以后更好地开展工作，如果这种情况下推掉安排，会辜负上司的一片好意，也会让同事觉得你刚来公司就特立独行，对以后的沟通可能会造成一定的困扰。

一、不可不知的聚餐礼仪

中国人自古就自称乃礼仪之邦，民以食为天，用餐岂能没有规矩，在职场内同样如此。虽然说讲不讲究都是一日三餐，但是在职场上，有些礼仪你不能不知，不然会很容易就冒犯了上司或者其他人，其注意要点如下图所示。

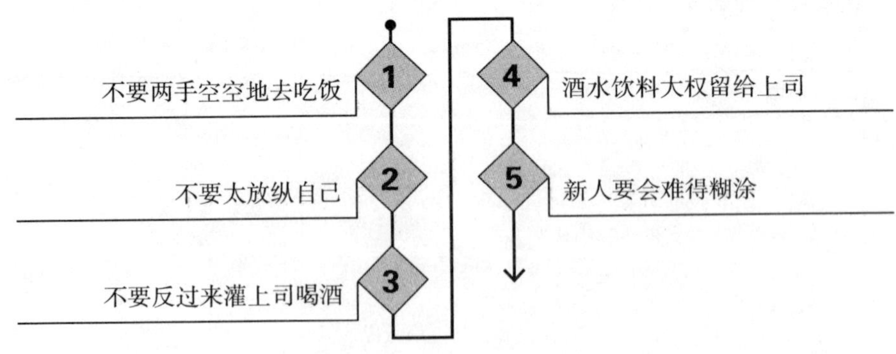

聚餐礼仪的注意要点

1. 不要两手空空地去吃饭

办公室小K突然说请吃饭，还说会带女朋友过来。吃饭的地方是个挺高级的餐厅，吃到了一半，小K搂着女朋友站起来，说今天其实是他们俩订婚的日子，因为不想太高调，所以就请同部门的同事聚一下。其他同事纷纷拿出了自己或者几个凑份子买的礼物送给他们，只有我像个外星人一样，张大了嘴巴，瞪圆了眼睛，可以想象两手空空的我在那个场合下多尴尬！想想也是，既然知道没人会平白无故地请客，我怎么还傻到两手空空地去吃饭！

2. 不要太放纵自己

我们新来的那个女同事比较放得开。那次公司搞活动一起出去旅游，大家入座吃饭顶多也就是谈笑风生，没想到那女孩主动移到老总身边，用夹生的韩语一遍一遍去敬酒。几杯下肚后开始手舞足蹈，放大了胆子把手搭在老总身上。自那以后，这位新来的女同事没得到多少人缘，大家都私底下不屑与这样的“乱性者”为伍。而另一头，老总似乎也没有如她设想那般对她有特殊照顾，而是“谈此女色变”。

3. 不要反过来灌上司喝酒

我第一次陪老板出去吃饭，办公室的一个前辈说，有人给老板灌酒的时候要帮老板挡酒。所以我按照前辈的箴言，吃饭的时候很主动地接对方递过来酒。几杯过后老板倒是清醒得很，我就头有点小晕了。敬完了客户，我走到老板面前让老板也一起喝，看到我这样老板只能硬着头皮喝。第二天清醒了后，我把吃饭的过程告诉前辈，前辈便数落我不懂事，哪有一边帮老板挡酒，一边还给老板灌酒的。

4. 酒水饮料大权留给上司

有一次上司让我晚上一起去陪客户，到了饭桌上，上司把菜单转到我面前叫我点菜，我顿时慌了神。好不容易心惊胆战点完了几个自认为比较安全的菜，心里早已经七上八下不辨方向，也不知是不是过于紧张，我把菜单递给了上司，问他要什么酒水。上司顺手接过，我也顺利交接了“皮球”。往后每逢应酬饭局让我点菜时，我便把酒水饮料的决定权交由上司，一来说明我不是从头到尾自作主张，二来也让上司对饭局预算有一个终局性的把握。

5. 新人要会难得糊涂

工作了一段时间，便有同事请我下班后一起去聚餐。饭桌上的事情是最捉摸不透的，但去还是要去。当时我心里就想好了对策：难得糊涂。等菜的时候便是大家互吹牛皮的时刻，讲笑话没问题，但讲到原则性笑话的时候新人还是不要多语，天知道这是不是老员工在试探你道行深浅呢。

菜上来了，一桌人边吃边聊，从股市暴跌讲到商场让利，作为新人抵嘴是必须的，否则人家会以为你故作深沉，但更多时候则是点头和赞叹，前辈总是想在新人面前倚老卖老一番的，即使他的观点和你针锋相对。总之，新人和同事吃饭，最要紧便是难得糊涂。

总之，作为职场新人，凡事要留意模仿，不可冒失造次。而第一次参加聚餐，如果表现得好，很可能给上司和同事留下好印象，对日后的职业发展非常有利。

公司聚餐意义：

（1）更深了解上司、同事个性。

（2）展示个人魅力的机会。

（3）增进同事间的感情。

（4）学习经验（行业情况、处事礼仪）。

二、新人聚会喝酒须知

不会喝酒也没有关系，只要注意以下几个细节，你就会为建立自己最好的形象：

（1）学会观察，观察一下其他同事的表现，看看部门里上司和下属间的关系是怎样的，如果属于上下级分明的那种，就少说多看；如果是比较融洽的，可以表现得活泼一些，聊聊大家感兴趣的话题。

（2）明白聚餐的主题，每一次工作聚餐都是有主题的，要维护上司的意思，就算很想与亲密的同事在一起聊天也要忍住，把精力放在当天的主人公身上。

（3）用放松的状态就餐，如果一个人的天性不活泼，那么上蹿下跳刻意制造活跃气氛不仅会给上司留下负面印象，还会成为同事们的笑柄。毕竟一个团队中，总有几个活泼开朗者可以调节席间气氛，你如果担心自己表现不好，笑话太冷没人响应，可以主要负责吃饭任务。

（4）通过细节让自己和同事的关系变得轻松起来，如果想要适时表达自己的善意，即使不愿意多说话，那么在大家就座的时候，如果是女同事，可以从外形的细节上表示自己的关注，用“你的衣服真漂亮，款式好适合你呀”等简单的话语来赞美她，也可以增加你们的亲密度。

（5）如果在酒桌上不知道说什么才好时，最好不说话，保持一个笑容就可以了。沉默也比说错话要好。千万不要因为怕冷场就乱说话，要记住，冷场是在座所有人的责任，不是你一个人的问题，因此，不用内疚，也不用急着找话题。

（6）以合适的理由离席，如果因为聚餐的时间过长，而且大家都百无聊赖、无事可谈的时候，你又真的有事，想离席怎么办？可以借口有别的事情提早离席，比如说“就在这附近我还有一个约会呢，我要过去一趟”，虽然大家都心知肚明你是借故离席，但没有什么证据证明，也就不会有人再关注你的离开了。

三、女性受邀上司私人聚会怎么办

如果你的上司邀请你去参加一个私人的聚会，你会答应吗？参加上司私人聚会需要注意如下图所示的个问题。

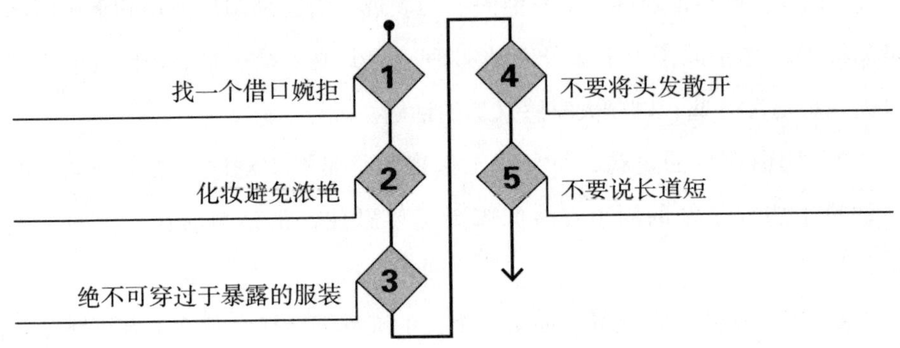

参加上司私人聚会需要注意的问题

1．找一个借口婉拒

即使你无真正的理由，也要找一个借口如家人“生病”等婉拒他，如他仍不死心，那就对他说“改天吧”，以免令他难堪。一般聪明人碰了软壁后就不会邀你参加与公事无关的约会。当然，你若找不到适当的借口，那就唯有奉陪了。

2．化妆避免浓艳

既然要赴约，一定要精心打扮，否则同事或上司会以为你不尊重他。打扮要精心，不必刻意，尤其不要浓妆艳抹，以免使自己变得陌生，又让人家误以为你的刻意妆扮是为了吸引他，触动其非份之想。

3．绝不可穿过于暴露的服装

过于暴露的服装或者透明度极高的服装都不适合在男性面前穿，尤其是与之共进晚餐或同赴舞会时。因为这种把身体过多展示给同事或上司的穿着，一来有无视上司威严之感，二来带有明显的挑逗性，会让人觉得你很轻佻，同时又可能为别有用心者提供可乘之机。

4. 不要将头发散开

在男性面前将头发散开，会被男性误以为是一种调情信号。特别是在温馨、柔和的晚餐氛围里，你散开蓬松的秀发把女性温柔恬静的魅力推到极致，令男性心荡神摇而难以自持，以致做出使你意想不到的举动，影响你晚宴的心情。

5. 不要说长道短

饶舌的女人肯定不是有风度教养的社交人物，若在社交场合说长道短，揭人隐私，必定会惹人反感，让人“敬而远之”。

总之，作为职业女性新人，尤其是长相姣好的你，不得不做好应对上司或老板私人邀请的心理准备，避免到时失礼或受制。

相关链接

餐桌上容易忽视的事项

1. 就座和离席

（1）应等长者坐定后，方可入坐。

（2）席上如有女士，应等女士座定后，方可入座。如女士座位在隔邻，应招呼女士。

（3）用餐后，须等男、女主人离席后，其他宾客方可离席。

（4）坐姿要端正，与餐桌的距离保持得宜。

（5）在饭店用餐，应由服务生领台入座。

（6）离席时，应帮助隔座长者或女上拖拉座椅。

2. 香巾的使用

（1）餐巾主要防止弄脏衣服，兼做擦嘴及手上的油渍。

（2）必须等到大家坐定后，才可使用餐巾。

（3）餐巾应摊开后，放在双膝上端的大腿上，切勿系人腰带，或挂在西装领口。

（4）切忌用餐巾擦拭餐具。

3．餐桌上的一般礼仪

（1）入座后姿式端正，脚踏在本人座位下，不可任意伸直，手肘不得靠桌缘，或将手放在邻座椅背上。

（2）用餐时须温文而雅，从容安静，不能急躁。

（3）在餐桌上不能只顾自己，也要关心别人，尤其要招呼两侧的女宾。

（4）口内有食物，应避免说话。

（5）自用餐具不可伸入公用餐盘夹取菜肴。

（6）必须小口进食，不要大口地塞，食物未咽下，不能再塞入口。

（7）取菜舀汤，应使用公筷公匙。

（8）吃进口的东西，不能吐出来，如系滚烫的食物，可喝水或果汁冲凉。

（9）送食物入口时，两肘应向内靠，不直向两旁张开，碰及邻座。

（10）自己手上持刀叉，或他人在咀嚼食物时，均应避免跟人说话或敬酒。

（11）好的吃相是食物就口，不可将口就食物。食物带汁，不能匆忙送入口，否则汤汁滴在桌布上，极为不雅。

（12）切忌用手指掏牙，应用牙签，并以手或手帕遮掩。

（13）避免在餐桌上咳嗽、打喷嚏、怄气。万一不禁，应说声“对不起”。

（14）喝酒宜各随意，敬酒以礼到为止，切忌劝酒、猜拳、吆喝。

（15）如餐具坠地，可请侍者拾起。

（16）遇有意外，如不慎将酒、水、汤汁溅到他人衣服，表示歉意即可，不必恐慌赔罪，使对方难为情。

（17）如欲取用摆在同桌其他客人面前的调味品，应请邻座客人帮忙传递，不可伸手横越，长驱取物。

（18）如吃到不洁或异味食物，不可吞入，应手托纸巾轻巧取出，放入盘中。倘发现尚未吃食，盘中的菜肴有昆虫和碎石，不要大惊小怪，宜候侍者走近，轻声告知侍者更换。

（19）食毕，餐具务必摆放整齐，不可凌乱放置。餐巾也应折好，放在桌上。

（20）进餐的速度，宜与上司或老同事同步，不宜太快，亦不宜太慢。

（21）餐桌上不能谈悲戚之事，否则会破坏欢愉的气氛。

细节11 第一次受礼送礼

平时在逢年过节之时，送礼在亲朋好友和社交往来中司空见惯，但说到“职场送礼”，很多职场菜鸟就不是那么得心应手，甚至以为在职场送礼，有“讨好老板”或“拉拢同事”之嫌。殊不知，在当今的职场环境中，礼品赠送起着相当重要的作用。

一、职场受礼送礼礼仪

一般来说，赠送礼品有以下几种具体方式可供选择：

（1）邮寄赠送的礼品，一般要附一份礼笺，在礼笺上既要署名，又要用规范的语句说明赠送礼品的缘由。

（2）托人赠送，即委托第三者代替自己将礼品送达受赠对象。当本人不宜当面赠送礼品时，采用这种方式可以显示自己对此十分重视，或者可以避免对方的某些拘谨和尴尬。不过，所托之人在转交礼品时，一定要以恰当的理由向受赠对象解释送礼人何以不能当面赠送礼品。礼品上最好也附有一份礼笺。

（3）当面赠送，是一种最为常见的赠送礼品的形式。其好处是，可以在赠送礼品时随机应变，或畅叙情义，或介绍礼品的寓意，或演示礼品的用法，有助于充分发挥赠礼的作用。

职场受礼送礼的礼节要点如下图所示。

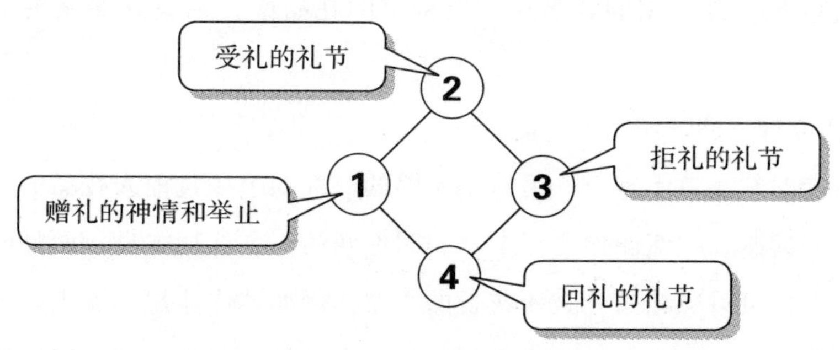

职场受礼送礼的礼节要点

1. 赠礼的神情和举止

当面赠送礼品时，应神态自然、举止大方。将赠品送给受礼者，一般在会面后进行。送礼者应双手将礼品递给对方，不宜放下后由对方自取。若同时向多人赠送礼品，应先长辈后晚辈、先女士后男士、先上司后下级，按照次序有条不紊地进行。

当面赠送礼品时，要有适当的说明，语言要得体。如说明因何送礼，说一些“祝你前程似锦”“愿我们合作愉快”等客套话。千万不要说“没有准备，临时才买的”“没有什么好东西，凑合着用吧”，你的本意可能是劝对方不要拒绝，但这些话容易被对方当真。你应该说：“这是我为你精心挑选的，相信你一定会喜欢。”

2. 受礼的礼节

接受礼品看起来很简单，但也有一些需要注意的事项。

（1）双手捧接。

当他人口头宣布有礼相赠时，不管自己在做什么，都应立即中止，起身站立，面向对方，以便有所准备。在对方取出礼品，预备赠送时，不应伸手去抢，开口相询，或者双眼盯住不放，但求“先睹为快”。此时此刻，须要保持风度。在赠送者递上礼品时，尽可能地用双手前去“迎接”，不要一只手去接礼品，特别是不要单用左手去接礼品。在接受礼品时，勿忘面含微笑，双目注视对方的两眼。接过来的若是对方所提供的礼品单，则应立即从头至尾细读一遍。

（2）立即道谢。

你可能对礼品赞不绝口，但这是不够的。在双手接过他人礼品的同时，应立即向对方道谢。“谢谢你”三个字表明你谢的不是礼物本身，而是谢对方对你的美意。你可以感谢送礼人所花费的心血，例如“你能想到我太好了。”也可以感谢对方为买到合适的礼品所付出的努力，例如“你竟然还记得我收集邮票。”

（3）当场拆封。

如果现场条件许可，如时间充裕、人数不多、礼品包装考究，在接过他人相赠的礼品之后，应尽可能当着对方的面将礼品包装当场拆封。启封时，动作要井然有序，舒缓文明，不要乱扯、乱撕、乱丢包装用品。

（4）表示欣赏。

当面拆开包装之后，要以适当的动作和语言表示你对礼品的欣赏。比如，将他人所送的鲜花捧在身前闻闻花香，随后将其装入花瓶，并置于醒目之处。如果别人送了一条围巾给自己，则可以马上把它围上，照一下镜子，并告诉赠送者及其他在场者：“我很喜欢它的花色”，或是“这条围巾真漂亮”。

（5）写感谢信。

除口头表达感谢之外，别忘了写封感谢信，它表明你花了一些时间感谢馈赠者，就像送礼人花费时间来挑选礼物一样。

3. 拒礼的礼节

当你不能接受送礼人给你的礼品时，可以礼貌地拒收礼品，但必须注意礼节。

（1）婉言相告。

比如，当一位男士送舞票给自己，可以说：“真不好意思，我男朋友也要请我跳舞，而且我们已经有约在先了。”

（2）直言缘由。

在公务交往中拒绝礼品时，此法尤其适用。比如，拒绝他人所赠的大额现金，可以这样讲："我们公司有规定，接受现金要算受贿的。"拒绝他人所赠的贵重礼品，可以说："按照有关规定，你送我的这件东西必须登记上缴。"

（3）事后退还。

有时拒绝他人所送的礼品，若是在大庭广众之前进行，往往会使受赠者有口难张，使赠送者尴尬异常。遇到这种情况，可采用事后退还法加以处理。即当时接受下来，但不拆启其包装，通常不超过24小时把礼品退还给赠送者。

4. 回礼的礼节

回礼时既可以回赠一定的物品，也可以用款待对方的方式来回礼。如果是回赠礼品，应注意以下几点：

（1）回礼的价值一般不应超过对方赠送的礼品，否则会给人攀比之感。

（2）收到私人赠送的礼品，回礼时应该有一个恰当的理由和合适的时机，不能为了回礼而不选时间、地点地单纯回送等值的物品。

二、职场送礼因人而异

在职场中，送礼要因人而异。给上司送礼与给同事送礼的方式大相径庭。

1. 给上司送礼

职场新人怎样给上司送礼既能表达心意，又不失礼呢？主要做到以下三点，如下图所示。

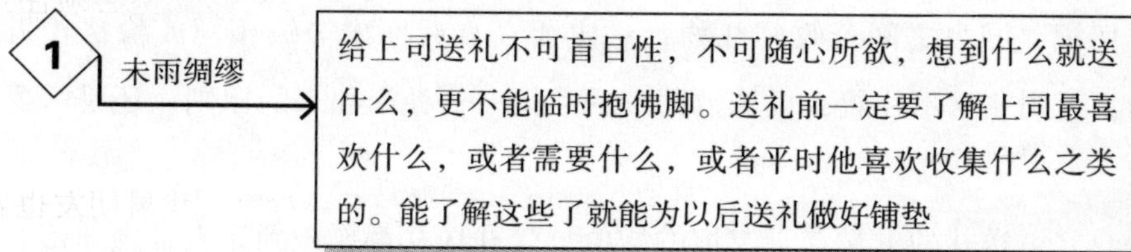

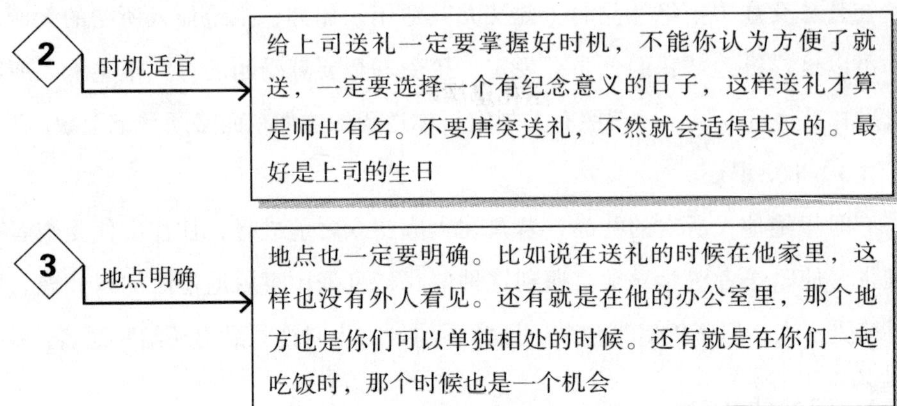

给上司送礼的注意要点

2. 小礼品送同事

在公司里，许多人都能与同事快乐相处，并且成为要好的朋友，选择一份合适的小礼物送给同事是必要的。一份价格不高的小礼物，送得恰如其分，能让办公室里充满温情。比如一盒巧克力，算不上奢华，不过，这样的小礼品往往更受欢迎，让人备感温馨亲切。

一般来说，同事间的礼物都应抓住实用性，比如办公用品，或是其他有利于工作和生活的小物件。也有些礼物例外，比如送同事一小盆花，虽然不“实用”，但很“管用”，把花放在办公桌或窗台上，能给工作环境带来绿意和生机，也让同事心情愉悦。

同事间送礼掌握简单和真诚的原则，送一块同事平时最喜欢的小点心、小零食或小饰品都能令同事之间感情升温。当面赠送或许尴尬，你可悄悄放在同事的办公桌上再附加一张小卡片，都是合乎礼节的举动。

切记，同事之间若收到礼物，一定要在日后回赠等级相同或价格相近的礼物，否则非常不礼貌，也抹煞同事的热情——礼尚往来的原则，还是需要尊重的。

总之，送礼的意义在于友谊的增值，受礼送礼都要做到让人甘之如饴。职场新人尤其要学习这一课。

相关链接

送礼遵循四规矩

1．礼物轻重得当

一般讲，礼物太轻，又意义不大，很容易让人误解为瞧不起他，尤其是对关系不算亲密的人，更是如此，而且如果礼太轻而想求别人办的事难度较大时，成功的可能几乎为零。但是，礼物太贵重，又会使接受礼物的人有受贿之嫌，特别是对上司、同事更应注意。除了某些爱占便宜又胆子特大的人之外，一般人就很可能婉言谢绝，或即使收下，也会付钱。

2．送礼间隔适宜

送礼的时间间隔也很有讲究，过频过繁或间隔过长都不合适。送礼者可能手头宽裕，或求助心切，便时常大包小包地送上门去，有人以为这样大方，一定可以博得别人的好感。其实不然，因为你以这样的频率送礼目的性太强。

3．了解风俗禁忌

送礼前应了解受礼人的身份、爱好、民族习惯，免得送礼送出麻烦来。有个人去医院看望病人，带去一袋苹果以示慰问，哪知引出了麻烦，正巧那位病人是上海人，上海人叫“苹果”跟“病故”二字发音相同。送去苹果岂不是咒人家病故，由于送礼人不了解情况，弄得不欢而散。

4．礼品要有意义

礼物是感情的载体。任何礼物都表示送礼人的特有心意，或酬谢、或求人、或联络感情等等。所以，你选择的礼品必须与你的心意相符，并使受礼者觉得你的礼物非同寻常，倍感珍贵。实际上，最好的礼品应该是根据对方兴趣爱好选择的，富有意义、耐人寻味、品质不凡却不显山露水的礼品。

细节12 第一次遭诽谤

一、流言爱“粘”谁

对大部分的上班族而言，办公室里对工作情绪影响最大的事，莫过于听到跟自己有关的“八卦”。有的人听了一笑了之，有的人却为此心中不安，甚至神经衰弱彻夜难眠。那么办公室里最容易被流言击倒的是些什么人呢？

1. 人格不独立

小张到舅舅的公司做事，工作做得有声有色。但同事们经常有意无意地说：“人家上面有人，还能做不好？”听到这些冷嘲热讽，小张开始怀疑自己的能力，不久就辞职了。

人格不独立的人很容易被流言伤害，他们不曾真正正视过自己，几乎所有的自我评价都是以别人的评价为参考。他们总认为“别人说我行，我就行；别人说我不行，我就不行”。如果他们将流言当成同事的公论，就会怀疑自己的能力，有的人甚至自暴自弃。

2. “公主情结”和“王子病”

孙琳从小到大始终一帆风顺。在公司，无论什么工作她都要求自己做得最好。但上司最近给她布置了一项任务，让她办砸了。这让爱嚼舌根的同事们找到了机会，开始散布“美女无大脑”的言论。这让她苦恼不已。

其实，孙琳的困惑部分来自于所谓的“公主情结”——从来一帆风顺让她凡事都要求尽善尽美。一旦遭到挫折，她在心里已经先把自己骂个半死，再加上别人冷嘲热讽，挫折感更加强烈。

3. 有野心的人

李先生把升迁看得比什么都重要，在方方面面都严格要求自己。因为他和上司是大学同学，所以走得很近。没过多久，人们就传说他们在搞婚外情。这让李先生寝食难安。

有野心的人往往烦恼也多。这是因为他们总想在人前树立正面的形象，容不得一点负面的看法。假使遭遇流言，他们就会夸大流言的力量，认为自己的努力都白费了。

诗人郭小川说得好：“对恶意的诽谤，只能使人腰杆挺拔、头脑清醒。”这会给那些为流言所困的人提供一些启示：如果明知对方心怀不轨，就更应该行得正、做得直。也只有这样，才能让“清者自清、浊者自浊”。

另外，有些流言可能是无意的，这就需要你保持清醒。正好借此时机反省自己，如果的确是因为自己给别人造成了不好的印象，就要快快地改正，流言也就会随之消失。

二、应对流言有妙招

小丽刚进公司时，任职行政助理。虽然她只有中专学历，但她做事特别努力，深得大家的喜爱。

市场部经理张先生是一个重实绩而轻学历的人。没过多久，他就发现小丽身上有一股闯劲。他大胆地将小丽调到销售部门，并独立主持一个区域的工作。由于工作的缘故，他们经常一起出差，一起吃饭，一起探讨工作。可能因为在一起的时间太多，渐渐地，办公室就传出了他们关系暧昧的流言。

起初小丽对此一无所知。但她觉得周围人的目光越来越怪异，有一次，一位年长的同事意味深长地对她说：“请不要锋芒太露！”不得已，小丽去找要好的同事晓梅想问个明白。

晓梅到现在还后悔，不该将听到的流言告诉小丽。她记得小丽听完她的话，吃惊得张大了嘴，半天说不出话来。小丽是一个很要强的人，她不能容忍无凭无据的流言再继续下去。第二天，小丽就找了办公室里那个最爱传播小道消息的“小广播”，警告她不要随便乱说话。而对方也毫不示弱。结果，双方不欢而散。有了这档子事以后，小丽在工作中常常分心。她有意和张经理疏远，但流言还是愈传愈烈。万般无奈，小丽提出了换一个部门的申请。结果，她被换到了公司的售后服务部。可能是因为售后服务部所需要的耐心细致和小丽的性格相去甚远，刚调到新岗位不久，她就与客户发生了争执。原本，这只是一个工作中的失误，但是，新的流言马上又传开了。有人说：“小丽以前在销售部的业绩，都不是自己做出来的，而是张经理帮的忙。小丽的根本就不能胜任销售部的工作！”最后，这样的流言竟影响到了售后服务部经理，他做出了让小丽停职的决定。

这一下，小丽不得不来到“头儿”的办公室，进行“恳谈”。但经理态度坚决，希望她作一次深刻反省。小丽有口难辩，而又急火攻心。此后，她不管遇见谁，都要为自己辩解一番，想通过解释，还自己一个清白。可是，谁也帮不了她。她的情绪日渐低落，最后走到了辞职这一步。

如果上面故事中的小丽是你，你该怎么办呢？作为新人的你一定想得到高人的指点吧！编者在此总结了几个妙招供你参考。如下图所示。

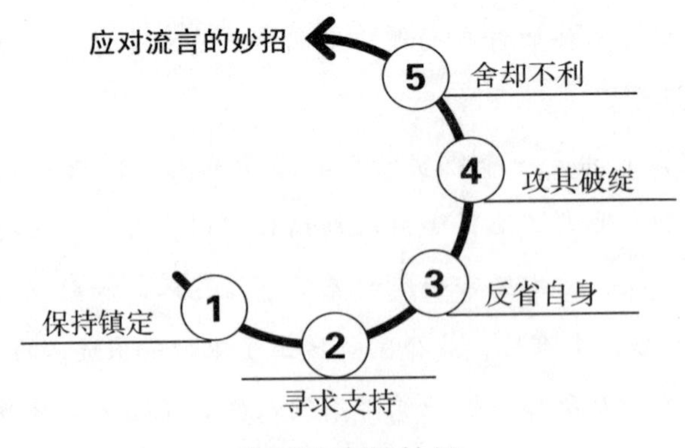

应对流言的妙招

1．保持镇定

职场中难免遇到流言蜚语，但是切忌在流言面前暴跳如雷、大吵大闹，那样不仅于事无补，反倒给上司留一个遇事急躁、缺乏沉稳的坏印象。流言决非空穴来风，静下心来寻找一下源头，寻求解决之道。谨记，在流言面前保持微笑、冷静对待，要比捶胸顿足、泪雨滂沱好得多。

2．寻求支持

单枪匹马笑对流言，虽说显示了为人坦荡一面，但毕竟会让自己陷入孤立无援的境地。主动出击，寻求支持，争取绝大多数的同盟，才是彻底战胜流言之道。需要指出的是，除了积极主动寻求上级的支持外，向下寻求支援也极为重要。上司在流言面前总会以下属意见为参考，下属意见有时会起到一言九鼎之功效。

3．反省自身

苍蝇不叮无缝的蛋，流言的出笼是否真的与自己哪方面做得不妥有关？如真的是自己哪方面处事不公，为人不仁，乃至做了有悖良心的事，不妨当面认错并改正，求得公众的谅解与支持，让流言降温或熄火。

4．攻其破绽

所谓流言，一般就是别人虚假捏造的，扎紧了自己篱笆后，接下来就可以主动出击，驱赶流言。流言最怕真理和阳光，摆出事实和真相，敞开大门说话，就会给流言以致命一击。

5．舍却不利

职场中大多的流言蜚语，或多或少与“利”字挂钩，难以分开，如果你舍弃小“利”或置身“利”外，则可有效回避流言。当然，这里的舍弃是有效舍弃，是以退为进，否则就中了造谣者的圈套，自己也得不偿失。

三、远离小人

人场说“千万莫得罪小人”，在职场中有时不一定能完全避免与这类卑鄙无耻和丑陋龌龊的小人打交道，要避免被这类卑鄙无耻之徒伤害，应学会如何主动应对卑鄙势利小人的自我保护方法，其方法如下图所示。

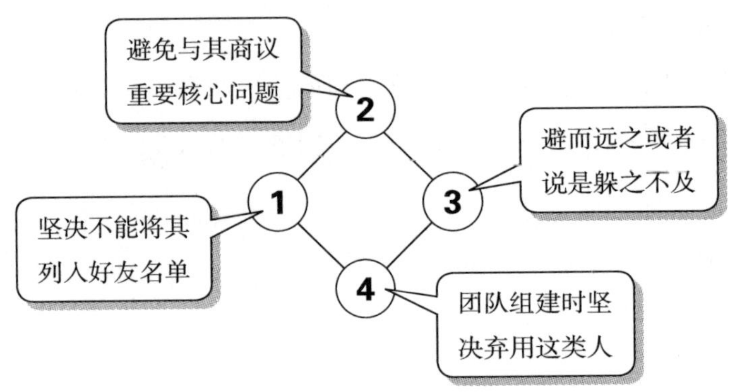

应对卑鄙势利小人的自我保护方法

1. 坚决不能将其列入好友名单

进了一个单位，在选择朋友时千万要把结交的朋友分成“三六九等”，根据不同等级的朋友采取不同的交往方法。而对于卑鄙无耻的这类小人，千万不能将其列入核心朋友或知心朋友名单，最好是连朋友的名单都不要将其列入，只要有表面上的礼节就可以了，防止在自己真心付出的时候受到伤害，更避免自己会遭到这类人的致命暗算。

2. 避免与其商议重要核心问题

每个人都会有自己的隐私或者是相对重要的问题需要得到朋友的意见和建议，如果是上司更会有公事或业务上的重大决策需要事先听取意见，这时，要尽量避免让这类“成事不足败事有余”的人参与进来，他们肯定不会帮你保守秘密，他们会为了显示自己能够比别人掌握更多的核心机密而到处显摆，为显示自己与上司的特殊关系或地位而沾沾自喜。

如果你不想把事情搞砸，请你时刻对这类人保持闭嘴缄默，绝对不要和他们商量重要或核心的问题。

3. 避而远之或者说是躲之不及

卑鄙无耻的势利小人经常采用“人前一套人后一套”的阳奉阴违手法，一方面千方百计地打压竞争对手，给竞争对手制造很多生存困难，另一方面又会想方设法溜须拍上司的马屁。

因此，这类人一般来说都会得到上司的信任和重用，他们有的是你的直接上司，有的是你的工作拍挡，有的是你的同事。怎么办？既然在工作和生活中无法与他们隔绝往来，那么，你可以在面对这些人时，唯一能做的就是尽量不要或减少与他们的来往，尽量避免或减少和他有工作或生活上的接触，尽量不要把自己的隐私透露给他们。

4. 团队组建时坚决弃用这类人

俗话说“一粒老鼠屎会毁了一锅粥”，如果说一个团队要有战斗力，首先这个团队的每个人都应有团队精神、合作精神、奉献精神。而卑鄙龌龊之徒首先考虑的并不是团队的战斗力和团队的聚集力，他们往往更多考虑的是自己在这个团队中能够得到多大利益，他们想得最多的是如何算计同事而让自己名利双收。甚至，他们会为了自己的蝇头小利而毫不犹豫地牺牲团队和集体利益，这就是这类人的可怕之处，因此，这类人不可避免地会成为一个团队中的“老鼠屎”。

总之，要想不湿鞋，就不要在岸边行走。职场新人要谨言慎行，以防小人口舌。

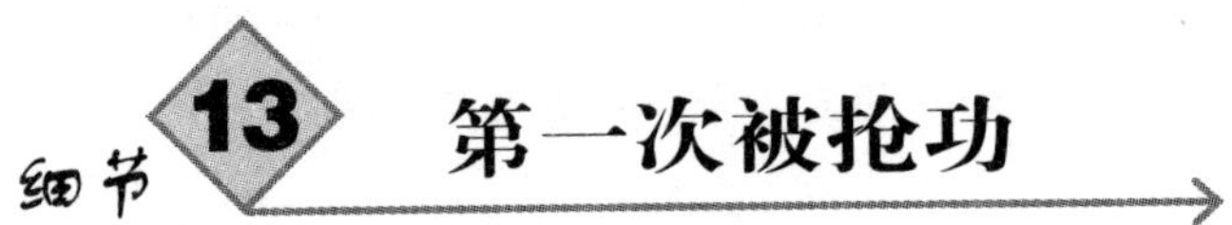

细节13 第一次被抢功

在职场上，被上司或同事“抢功”的现象时有发生。尤其是新人，更容易受此“待遇”。如何应对被“抢功”，也是新人职场学问之一。

一、职场“抢功”，众说纷纭

有记者针对抢功问题街访了几位写字楼的白领，听听他们的看法。

叶某，男，40岁，上司：

我觉得年轻人，特别是职场新人，不要太在乎被人抢功。学习的过程和积累的经验很重要，受点委屈，受点挫折，对将来不一定是坏事。

张某，男，36岁，销售员：

我会给抢我功的人一次机会，但没有第二次。但哪怕他抢我一次功，我就像唐僧一样，上到上司、下至做清洁的阿姨，向全公司人讲，那个客户是他抢了我的。我不在乎别人说我小气，我再小气，也没有他不顾职业道德地抢我的客户丢人。

肖某，女，20岁，文员：

我在公司人缘特好，原因就是他们做不来的事，找我帮忙，明明文件是我起草的，他们偏偏署上自己的姓名，换来他们对我的愧疚和对我在工作上的照顾。其实也没什么不好，通过这些人的做法，让我分辨出他们的人品，以后对不同的人，不同对待，我总有成长起来的一天，到时候，让他们看看我的厉害！

刘某，女，30岁，内勤人员：

是忍还是不忍，要看当事人想要什么？如果遇到总是抢功的上司，简直就是自己事业上的拦路虎，这样的工作，还要它干嘛？如果当事人的重点是多学经验、多培养能力，忍忍也无妨。

不同性格的人，对被抢功之事处理各异。下面是一位深受被抢功之“冤”的倾诉者的困惑，看看建议者如何说。

最近遇见了烦心事，自己起早摸黑努力地工作，反过来功绩让同事抢走了。每次，当上级上司想了解我跟进的项目进度时，同事A就跑过来问我，然后把进度告诉上司；当业务联系人打电话找我时，A同事也从来不让我听。今年企业订单增多，公司盈利可观，就在上个月我公司进行工资大调整。可是我发现，自己的工资丝毫没变，而A同事则加了工资。面对抢功的同事，我该怎么办？

复杂的职场人际关系，解决矛盾的方法应该从工作流程和工作方法中去寻找，单纯地泄愤只会激化矛盾，对于问题的真正解决没有丝毫的帮助，所以千万不要直接去找同事A的茬子，这样只能激化两人之间的矛盾。遇到这样的同事，自己以后要学聪明点，工作上也要主动点。如果知道上司想了解工作的进度，你可以主动去找上司汇报。

善于主动沟通汇报你的工作进度是作为下属最基本的职业素养。你正因为没有养成善于主动“汇报”的习惯，所以导致有苦无功。还有，你有直接上司，与你同级之同事你有汇报的必要吗？当然没有！所以你可以简单告知同事你的工作状况，寻求指点或帮助，有同级同事过问你的工作，你可现场寻机婉言谢绝：“以后得多学习你的主动意识、信息敏感度”“能否给我多一些机会与客户或上司沟通的机会，看你是如何与上司交流的，教教我吧，让我也实践实践……”，出于职业敏感度，你的同事一定明白你的心思。如果此法不灵，就直白言之：“自己的工作只有自己才能阐述得更清楚，为了避免指令误传引起误会，所以还是亲自汇报比较合适，谢谢你的好意！”

职场中为了让上司了解你的工作执行状况，除了主动汇报之外，还得注重自我优势的展示，将自身个性特点及优势与公司人才技能需求相结合，如此就不会给别人趁虚而入的机会了，因为只有在你身上才能呈现独特的风格。

二、如何应对职场“抢功”

几个通宵的构思，几个烈日下的调研，终于做出一套完美方案，向上司汇报后，变成了上司的工作成绩。你忍还是不忍？跑断了腿地找客户，吃了无数闭门羹，项目终于有了眉目，公司会议上，另一名同事抢着回答：“好，我来跟进，我跟他们的人很熟！”你是沉默还是爆发？看看以下这些新人如何应对被抢功：

故事分享

前辈同事或上司抢功，只能忍声吞气

小朱，男，22岁，保险员

今年上半年，我通过一个哥们的关系，联系到一家工厂的保险业务。那时，我还是新人，对业务不熟。公司的同事个个都忙，我只好熬通宵地看保险条款，一天几趟地在公司和客户之间交涉，两个月下来，我为客户全厂的员工制定了一套详细的保险方案。要签合同时，我兴高采烈地向主任汇报，他也很高兴，催我约个时间，带着他和客户负责人见见面，熟悉一下。

我哪会多想，还念着自己签了大单，主任赏脸陪我见客户呢。没想到，最后签回的单算在了主任名下。当然，他也假心假意地跟我解释了一下，说我是新人，最初没有任务考核，而他又恰巧还差那么一点数字，所以就……

我还赔着笑脸说："行行行，以后还请您多照顾。"但心里，早就毛了。

我气得几天吃不下饭，我爸劝我："年轻吃亏是福，等你自己翅膀硬了，抢别人的去！"

唉，还能怎么办，就当提高自己业务水平，等有能耐了，我才不会厚着脸抢别人的呢，大不了不在他手下受这窝囊气了！

故事分享

谁敢动我的单，跟他没完

小王，男，30岁，销售员

我在我们公司，没人敢抢我的单。原因？呵呵，就是当众发了一次脾气，此后就没人敢来抢了！这社会，就是怕狠人，你强他就弱，你弱，嘿嘿，他就骑到你头上逞强！

作为新人时，可能有人抢过我的单，但我业务不熟悉，抢了我的都不知道。但后来有一次，有个同事仗着他比我来得早，招呼都不打地直接去见我的客户，我就烦了。

没有找他单独谈，没有向上司告状，我就选在公司周计划会议上，当着全公司人的面，质问他是什么意思。他开始也横，说不是抢，是沟通！我说就是抢，背着我见我的客户就是抢。上司还出面打圆场，说要和睦，团队合作更重要。我也趁机强调，合作没问题，但得事先说明白，这种暗地干的勾当就是抢！

我说得毫不留情，对方的脸白一阵青一阵。当然，事后我也单独跑到上司办公室认错，说自己不顾场合、太冲动等等。其实，那都是假话。反正我的目的达到了，让其他同事也知道我的脾气，看谁还敢背地里抢我的客户！

总之，被抢功是一件非常冤枉非常值得“计较”之事，不能一味地“为别人做嫁衣裳”。职场新人要拿出勇气和智慧来，维护好自己的劳动成果和尊严。

故事分享

不做第二次傻瓜

我第一次被人抢功的时候，脸都绿了。

那是刚工作不久，我周围出现了这么一群人，在向上司的汇报中，他们不动声色地化别人的功劳为自己的功劳，化大家的功劳为自己的功劳，表现出来深厚的抢功能力。他们常常是在主语应该使用“我们”的时候使用“我”，在主语应该使用“某某”的时使用“我们”。

一次，我和一个同事合作一个项目，开会向上司汇报的时候，他抢先发言，不动声色地说，“我们有一个方案……”其实那是我昨天想了大半夜的成果，只是在半个小时前和他有过一番沟通。

一个“我们”，抢走了我的大半功劳，接着上司过来询问项目进度的时候，他居然拿出了一副指导者的派头，说我做得非常好，基本上不怎么需要他的帮助，只不过在一些关键问题上和他交换一下意见就行了。因为是第一次发现有人明目张胆地抢我的功劳，所以我一时很生气，也很蒙，一句话也说不出来。

可是那次之后我发誓，没有下一次了，以后我不会轻易被人这么耍弄。

果然，我又遇到了抢功的人，上司让我和小雪负责同一个项目。在做这个项目的过程中，她根本就不用心，总是一副“全靠你了”的态度，我也不好拒绝。

没想到的是，快交项目的时候，上司让我俩好好沟通一下，第二天给公司讲一讲项目的设想。

上司既然安排沟通，“私藏”是不可能了，于是，我就把我的想法向小雪作了概述，小雪听得很兴奋，突然对我说：“小悠，这次的演讲我来讲吧，反正都是咱俩的项目，之前我没出力，讲的时候我也出份力。”

她这么说，我也实在没有办法，那天向大家作展示的时候我被挡在会议室外，小雪在会议室内侃侃而谈。我只能走到茶水间从咖啡壶里倒了一杯咖啡，然后回到会议室门口守着。这时，同事小艾冷不丁在我肩上重重地拍了一下，他充满同情地说：“现在的心情是不是有点儿‘爱人结婚了，新娘不是你’的感觉？”

我笑笑没有说话。小艾看来成心要点拨我，他说：“自己辛辛苦苦，让别人出风头，滋味不好受吧。”我还是笑笑。

小艾说：“你怎么不开窍呢？上司看的不是谁大度、谁谦让了，而是谁能帮他创造价值。写方案的是你，在客户面前侃侃而谈、出尽风头的却是小雪。面对别人的抢功，你就不能做点什么？”

我一脸疑惑地看着小艾。

小艾神秘地向周围看了看，发现座位上只有我们两个，他说：“你就不会在方案里打个结儿？”

我很吃惊地说：“打个结儿？”

小艾说：“就是留一些关键性的环节，看似交代清楚了，其实根本没把要点写上去。如果没有你，拿到这份方案的人只能看个热闹，在具体执行层面却面临障碍，或者是环节中有相互牵制的地方，而解决问题的钥匙在你手上，明白吗？”说完，小艾就匆匆走了。

我当然知道他是路见不平，一番好意。

可是，为什么我会在会议室门口守着呢？

小雪突然跑出来了，一脸着急地说：“小悠，咱们做的方案有些细节方面上司提问，你快过去说明一下。”

此时，我在心里对自己笑笑，然后不动声色地走进了会议室。

故事主人公可以说深谙“不被抢功”之道，而他这样做，不会因生硬地拒绝得罪合作的同事，同时，也可以让主管能够了解真正有才干的是谁。

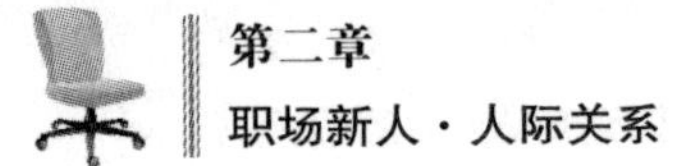

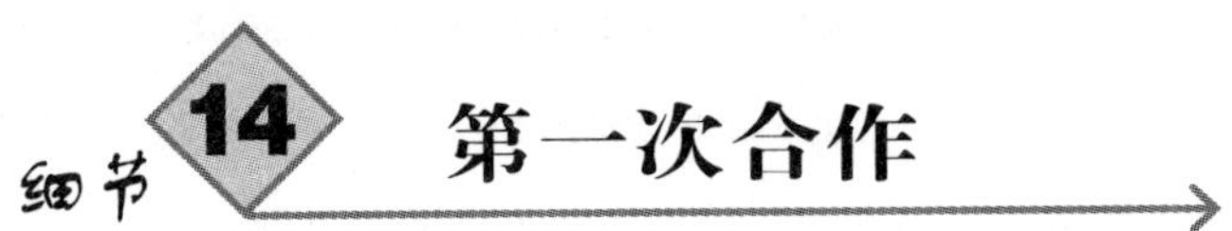

细节14 第一次合作

在职场上，同事关系就是一种协作关系。失去与同事之间的协作，就好比一叶孤舟难以远航。因此，与同事之间的默契合作对你的职业生涯有很大的推动作用。菜鸟们要明确这点。

一、合作比竞争重要

俗话说，“同事三分亲”，和我们相处最多的除了家人，就是办公室中的同事。但是同事之间的关系似乎又不是那么单纯，身在一个公司，为了赢得职位升迁，你的同事也是你的竞争对手，合作与竞争到底哪个更重要?

同事间存在共同的利益、共同的目标，又掺杂有个人感情，或是部门间、上下级间的复杂关系。俗话说得好，“一山容不得二虎”，所以有些职场人过分放大竞争心态。但是人力资源专家对此认为，同事间的合作比竞争更重要。

就工作目标来看，有一个强有力的竞争同事，对自己能力提升有很大的帮助，而过度强调个人英雄主义、缺乏团队协作，在职场中是很难取得良好业绩的。更积极的态度是要将这种竞争目标放在外部环境，挑战更有能力的对手，不仅个人能力在团队合作中得到锻炼，自己的视野也会更宽。

同事团队要想做大，“共赢”意识很重要。共赢离不开的就是同事间的合作，追求共同利益的过程中，强调能够与竞争对手合作，共同促进目标更快更好地实现。所以这种竞争是在目标一致的前提下，相互配合，取得的双赢结果。

下面这个故事很生动地讲述了这种竞争关系：

一头狮子和一只野狼同时发现了一只羚羊，他们决定一起去捕捉。由于配合得很默契，很快狮子就咬死了羚羊。然而此时狮子已经不愿意和狼再分食猎物，于是狮子和狼之间的斗争开始了，结果是狼被狮子咬死，狮子也因此受到重伤而不能享用美味。

显然，这样的结果不能称之为“赢”，团队竞争导致了两者皆输。职场竞争每时每刻都在进行。“竞”比的是干劲和能力能力，需要同心协力取得双赢的结果，而不是在工作中以自我为中心，形成对峙的小团体，去“争”权力、“争”地位。

下面这个小故事，充分说明了合作的重要性：

有人和上帝讨论天堂和地狱的问题。上帝对他说：“来吧！我让你看看什么是地狱。”

他们走进一个房间。一群人围着一大锅肉汤，但每个人看上去一脸饿相，瘦骨伶仃。他们每个人都有一只可以够到锅里的汤勺，但汤勺的柄比他们的手臂还长，自己没法把汤送进嘴里。有肉汤喝不到肚子，只能望“汤”兴叹，无可奈何。

“来吧！我再让你看看天堂。”上帝把这个人领到另一个房间。这里的一切和刚才那个房间没什么不同，一锅汤、一群人、一样的长柄汤勺，但大家都身宽体胖，正在快乐地歌唱着幸福。

“为什么？”这个人不解地问，“为什么地狱的人喝不到肉汤，而天堂的人却能喝到？”

上帝微笑着说：“很简单，在这儿，他们都会喂别人。”

故事并不复杂，但却蕴涵着深刻的社会哲理和强烈的警示意义。同样的条件，同样的设备，为什么一些人把它变成了天堂而另一些人却经营成了地狱？关键就在于，你是选择共同幸福还是独霸利益。

总之，只有大方向、大目标处理得好，个人的才干才能得以展现，同事间的合作比竞争更重要。

二、与同事合作要注意什么

由于同事之间每个人的性格、工作性质、工作职责不同，在各自的工作交往中自然会出现各种各样的矛盾。又由于同事之间存在一些利益方面的冲突，会使矛盾变得复杂。因此，菜鸟们一定要掌握与同事合作中的沟通技巧，如下图所示。

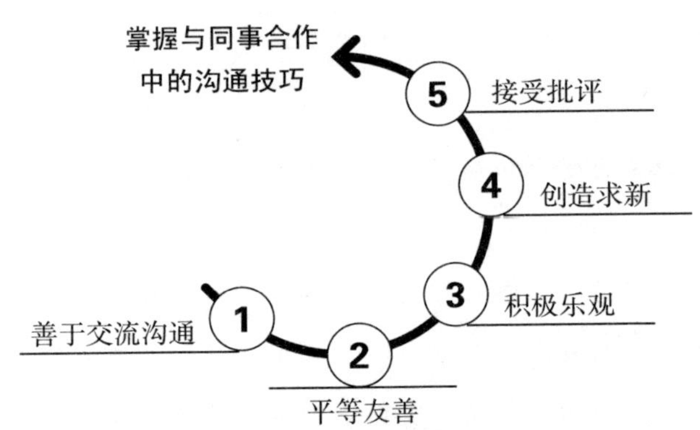

掌握与同事合作中的沟通技巧

1．善于交流沟通

同在一个办公室工作，你与同事之间会存在某些差别，知识、能力、经历造成你们在对待和处理工作时，会产生不同的想法。交流是协调的开始，把自己的想法说出来，听听对方的想法，你要经常说这样一句话：“你看这事怎么办？我想听听你的想法。”

2. 平等友善

即使你各方面都很优秀，即使你认为自己以一个人的力量就能完成眼前的工作，也不要显得太张狂。要知道以后还有很多不可预知的事情，以后你并不一定只凭自己完成一切。还是做个友善的人吧，平等地对待对方。

3. 积极乐观

即使是遇上了十分麻烦的事，也要乐观，你要对你的伙伴们说："我们是最优秀的，肯定可以把这件事解决好，如果成功了，我请大家喝一杯。"

4. 创造求新

培养自己的创造能力，不要安于现状，试着发掘自己的潜力。一个有不凡表现的人，除了能保持与人合作以外，还需要所有人乐意与你合作。

5. 接受批评

把你的同事和伙伴当成你的朋友，坦然接受他的批评。一个对批评暴跳如雷的人，每个人都会对他敬而远之。

总之，在同一个办公室里，同事之间有着密切的联系，谁都不能单独地生存，谁也脱离不了群体。依靠群体的力量，做合适的工作而又成功者，不仅是自己个人的成功，同时也是整个团队的成功。

细节15 第一次受同事排挤

如果有一天，你发现同事突然一改常态，不再对你友好，事事抱着不合作的态度，处处给你设难题刁难你，出你的洋相，看你的笑话等，这就表示：同事在排挤你。职场新人尤其要注意这些危险信号，并及时化解之。

一、为何受同事排挤

被同事排挤，必然有其原因。这些原因不外乎以下几种情况：

（1）近来升级连连，招来同事妒忌，所以群起排挤你。

（2）你刚刚到本公司上班，你有着令人羡慕的优越条件，包括高学历、有背景、相貌出众，这些都有可能让同事妒忌。

（3）雇佣你的人是公司内人人讨厌的人物，故连你也受牵连。

（4）衣着奇特、言谈过分、爱出风头，令同事却步。

（5）过分讨好上级而疏于和同事交往。

（6）妨碍了同事获取利益，包括晋升、加薪等可以受惠的事。

如果是属于第（1）、第（2）项，这情况也很自然，所谓“不招人妒是庸才”，能招人妒忌也不是丢面子的事。其实只要你平日对人的态度和蔼亲切，同事们不难发觉你是一个老实人，久而久之便会乐于和你交往。另外，你可以培养自己的聊天魅力，通过聊天改变同事对你的态度。

如果属于第（3）项，那便是你本人的不幸，唯有等机会向同事表示，自己应聘主要是喜爱这份工作，与雇佣你的人无关，与他更不是亲戚关系。只要同事了解到你不是密探身份，自然会欢迎你的。

如果是属于第（4）、第（5）项，那么你便要反省一下，因为问题是出在自己身上，如果想令同事改变看法，唯有自己作出改进。平时不要乱发一些惊人的言论，要学会当听众，衣着也应切合身份，既要整洁又不要招摇，过分突出的服装不会为你带来方便，如果你不是土包子，就是为了出风头，这会令同事们把你当成敌对的目标。

如果是属于第（6）项，你要注意你做事的分寸。升职、加薪、条件改善甚至上司一句口头表扬都是同事们想获得的奖励，争夺也在所难免，虽然大家非常努力地工作，但彼此心照不宣，谁不想获得一种优先奖励权呢？

实际上，受到同事的排挤，在某种意义上也是一种挨打。

古人云："以其人之道，还治其人之身，是最温文尔雅的回击。"虽说同事间的矛盾、纠葛多数都是"人民内部矛盾"，没有必要过分计较，何况有时还是由于误解造成的，如若死咬不放，未免有失风度和教养，但应该牢记的是：随和并不是放弃尊严，更不是永远都被动挨打，有来无往。

因此，职场新人受了同事的排挤，摸清原因之后便自省自改。但如果自己做好了，还是有人"不顺眼"，那就可以考虑"以牙还牙"了。总之，人不能老"挨打"。

二、受同事排挤怎么办

被同事排挤怎么办？在职场中打拼的菜鸟们，经常会遇到这样的问题。面对着一次新的机会，不管是加薪的还是升职的，肯定也有其他的同事想争取，这个时候便会遭到其他同事的排挤，被排挤了没关系，下面教你如何采取措施从容应对，具体如下图所示。

做好本职工作的同时，靠实力说话

对于小人，要最大限度地提防，争取做到滴水不漏

3 要从心理上建立自信，你可以排挤我，但是你挤不垮我

4 虽然不与上司明说，但是可以想办法让上司间接地看到对方卑鄙的手段

受同事排挤后的应对措施

1. 做好本职工作的同时，靠实力说话

如果与同事之间的竞争是公平的，那么即使遭到了同事的排挤也没有关系，所谓能者居之，有能力的人才能更好地胜任工作。你有实力，同事排挤你也没有用，你没实力，同事不排挤你也不行。

2. 对于小人，要最大限度地提防，争取做到滴水不漏

工作中的每一个小小疏漏，都是小人类型的同事进攻的目标。这个时候我们能做的就是避免疏忽，尽量做到滴水不漏，只有鸡蛋没有缝，那么便不会有苍蝇来叮，即使来叮，也无处下口。如果条件允许，甚至可以主动出击，把想要排挤你的人先排挤出局，那么便不会有被人排挤的危险，前提是你要有把握，准备充足。如果商场如战场，那么职场是“血腥”的战场，一次提升，也许就是踏着别人的“尸体”，该出手时便要出手，犹豫不决只会为自己带来隐患。

3. 要从心理上建立自信，你可以排挤我，但是你挤不垮我

没有这种自信的人，容易成为其他同事排挤的目标，还会使自己本来能做到的事情也变得困难，工作的时候还在担心人的排挤，分心了，那么注意力也会分散，工作效率也会降低。

4. 虽然不与上司明说，但是可以想办法让上司间接地看到对方卑鄙的手段

只要对方有把柄，有漏洞，可以设法间接地让上司了解。比如说在查

他人档案，这个时候正好上司路过，你可以把档案调出来，装作不知道上司过来的样子在那查阅档案，上司肯定会好奇你在做什么工作，于是前来一看便知。

总之，作为新人的你，受了排挤一边要做好自己的本分，一边要巧妙维护自己的尊严。

相关链接

与同事友好相处的诀窍

1．表示真诚关心

你对别人是否出自真诚的关心，迟早会被别人所洞知。何况关心也并不需要你付出多大的力量或使对方得到什么好处或实利。

其实，有时一句寒喧问暖或关怀问候的话，也会令人受用不尽，并赢得同事的接纳与好感。

2．尽力帮助别人

人既然是因为有缘才相聚，则同事遭遇困难时，你应尽一己之力，为其排忧解困，相信会获得对方的由衷感激与善意回报。美国思想家艾默生曾说："你能诚心地帮助别人，别人一定会帮助你，这是人生中最好的一种报酬。"这也正是说明助人是换取别人助你的先决要件，同时也是建立良好人际关系的基础。因此，要与人尤其是同事或朋友建立互助合作的良好关系，就应用心尽力帮助他（她）们。

3．避免争吵抬杠

在同事相处互动中，难免会产生不同意见、观念或利害冲突等情事而争辩或吵架。不过要懂得心平气和、理直气柔的道理，且能自己适时退让一步，以消弥无意的纷争，确保互动关系不会遭到破坏。实际上，口舌争辩是没有胜利者的，即使你能说得对方哑口无言，对方也会因自尊心受损而怀恨在心，你即使赢了也是输。

4．禁用“三C”用语

所谓“三C”用语是指批评（Criticizing）、责难（Condeming）及抱怨（Complaining）等。

当你日常与同事交谈或公事洽商讨论中，如使用批评必易伤害对方的荣誉心与重要感，而产生不快或怨恨心理，他迟早会以牙还牙。至于贸然给人责难，势必难获对方的认同或接受，而常常形成反唇相讥、不欢而散的结局。

再者，向人抱怨更是令人生厌，且是最不受欢迎的行为。与其怨天尤人还不如自立自强、发愤图强，以换取别人的肯定与重视。

因此你应切记与人尤其是同事相处，必须避免使用“三C”用语，以免因此破坏了彼此良好的人际关系。

5．保持谦虚谨慎

职业人要有适当的放低自己和海纳百川的宽广胸怀，要学会和善于“示弱”。做到这一点就需要我们调整心态，不自吹自擂，回避公众的恭维，对待同事要克服和改掉狂妄自大、自恃甚高、一意孤行的毛病，不断自我反省、自我修炼、自我检讨。

6．不与同事争功

做好、做成一件事情一定是一个组织协同作用的结果，不是靠单个人、单个部门的一次设计、创意就能简单地达到。而“与同级争功”最明显的表现就是在需要推动一件事情，需要大家协同作战的时候，组织与组织之间、部门与部门之间相互不买账。

卓越的人不会斤斤计较个人得失和争功诿过，具有谅人之短、补人之过、助人为乐、见功就让的高尚风格，善用一种对待同事开放、包容、接纳和关怀的管理方式与同级相处，懂得组织的成功、事业的发展和目标的达成不是哪一个人的功劳，而是团队的智慧、力量和努力，是集体智慧和协同作战的结晶。

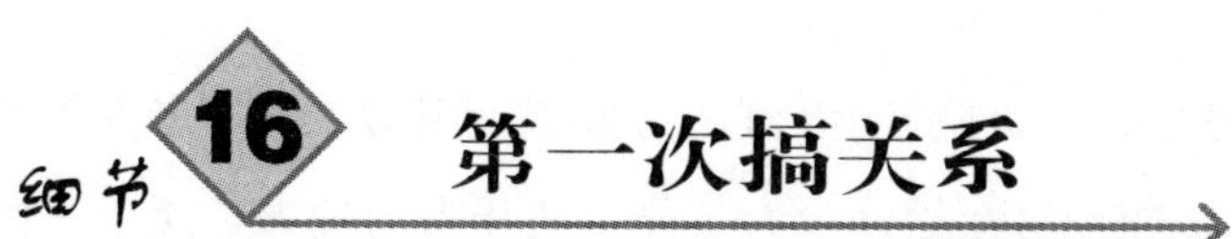

细节16 第一次搞关系

同事关系在职场中，既单纯又险恶，单纯到即使是一个公司的，也可能只是面熟；险恶到因为利益冲突，性格不合，彼此结下“梁子”。职场新人要特别注意与同事搞好关系。

一、新人如何搞好同事关系

搞好同事关系，关系到你现有的工作环境与工作心情。因为，得道者总多助。那么，新人怎么搞好同事关系呢？可以从下图所示的几个方面做起。

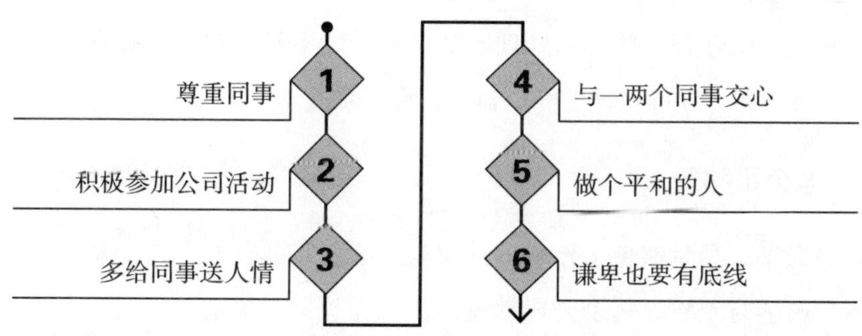

与同事搞好关系应做的几个方面

1．尊重同事

不当面给同事难堪，说同事坏话，尽量能给他留面子。如果你在背后说你同事的坏话，或者给上司打小报告，让同事知道后，他还想跟你好吗？一样的事情发生在你身上，你也不乐意。我们要学会有容乃大，要有度量，万事一笑而过。

2．积极参加公司活动

积极主动地参加一些工作之外的同事讨论与聚会，因为，职场之外，闲谈较多，娱乐氛围较佳，话题相对宽松，没有工作中的压力与冲突，这个时候，大家更多的是一种朋友关系，对搞好同事关系是一种理想的催化剂。

3．多给同事送人情

不欠别人钱，找机会让别人欠你人情。钱，这个东西吧，只能说好神奇，尽量不要借同事钱，这里不多解释。如果，举手之劳能帮助同事，落个人情的话，能帮就帮，能做就做，人情才是最大的债，人都懂得感恩，人情到位了，关系也就到位了。

4．与一两个同事交心

找一两个同事朋友，半个知己型的。职场很复杂，最好是一个公司没有工作上的直接来往和利益上的纠缠的，会为你说好话，但你也要不过分相信的同事。这些人可以弥补一些你在处理同事关系中的不足，对搞好关系有帮助。这样的人需要培养，你可以物色一个新人，慢慢带起来。

5．做个平和的人

和谐做事，尽量避免工作中的冲突与矛盾。工作就难免有交集，会有工作上的不平衡感与矛盾，每个公司都有自己工作规则，摸清它，处理人际关系也就会得心应手。

6．谦卑也要有底线

不做冤大头，搞好同事关系，不意味着盲目与好欺负，无节操，没底线，你要清楚你为老板工作，你只要处理好与自己工作有交集的同事关系。其他的同事，面子上能过去，背后里不捅你刀子，关键时候，能为你说点话最好，点到为止即可。

(1)对待腹黑的职场达人，多点心眼。

(2)近朱者赤，近墨者黑，不懂得感恩和没良心的同事，就不要想着跟他搞好关系了。

(3)任何时候，与人相处要把握“度”。

二、应对各色同事有妙招

你可以凭喜好选择爱情、朋友，却免不了和讨厌的人成为同事。这里为你介绍四个方法，轻松应对各色同事，让你的职场生涯越走越顺。其应对方法如下表所示。

应对各色同事的方法

序号	类别	分析说明	应对方法
1	默默无闻的同事	每天第一个进办公室，下班时不声不响地离开；眼睛盯着电脑一整天，却看不到有任何进展。这种人看似无害，其实最具杀伤力。他们对团队的贡献微乎其微不说，消极的态度还会像吸血虫一样，渐渐吸走身边人的工作热情，宝贵的时间就这样浪费掉了	面对这样的同事，如果因为他（她）生性害羞，你可以经常邀请他（她）加入团队活动。加深了解和信任可以帮助这类人走出伪装，流露出自然本色，很快和大家打成一片。若是所有努力都无济于事，就赶紧走开，离他（她）越远越好，以保证自己不受负面情绪的影响。保护宝贵的热情是工作中的首要大事，不能任由别人破坏
2	精神过度紧张的同事	你一定有过这样的同事：工作中遇到突发事件就完全没了方向，一脸惶恐、呼吸加快，连走路也惊慌失措。这种人会让人感觉	对付这类人最好的办法就是让自己处变不惊。压力可以传染，你越重视它，它传播的速度越快，破坏性也越大。当他（她）急着寻求你的帮助时，你要冷静回应，谨防这种紧张情

（续表）

序号	类别	分析说明	应对方法
2	精神过度紧张的同事	责任心强，但同时也会把办公室气氛搞得过分紧张，导致整个团队失去工作效率	绪传给下一个人。如果他（她）还是紧张得不得了，可以试着让他（她）以舒服的姿势坐下，以便缓解他（她）紧张的心情
3	无所不知的同事	有些人喜欢炫耀自己的经验——把开会当成自己的专场演讲，或是凡事都要指导一下。知识丰富固然是好事，但也要掌握分寸。太过招摇强势只会抹杀其他人的意见和热情，让新鲜有趣的点子永远也没机会表达出来	在会议中，你没必要用打断说话的方式来表达意见。你只需放松心情，认真倾听。找出共同话题作为入口，一点一滴渗透你的想法。平时工作中，如果你不想他（她）对你的工作指手画脚，可以对他（她）说："你的建议很好，不过现在我手头有些急事，过会再聊。"要是还不管用，就干脆塞上耳机，先占领自己的耳朵
4	爱说闲话的同事	适当的闲话八卦是同事关系中不可缺少的佐料。但遇到以传播八卦为"主业"的同事，一旦你把握不好尺度，会不知不觉为自己布下地雷阵，说不定什么时候让你自身难保	首先你要先分清哪些话题无害，哪些有害。背后谈论别人的隐私、情感、缺点等，通常属于有害之列。在他们说老板的坏话时，你最好装作没听见。无论老板多么惹人厌，把那些意见留给自己就好；如果你实在憋不住要跟人分享你的新发现，请避开洗手间、休息室、走廊等看似隐秘、实则危险的场所。如果还是不确定到底该不该说，就请闭上嘴巴。倾听永远是最安全的参与方式

总之，处理好与同事之间的关系是一位职场人士得以立足稳居的关键因素。职场新人的职业生涯，也往往从这里开始。

第三章

3

职场新人·处事态度

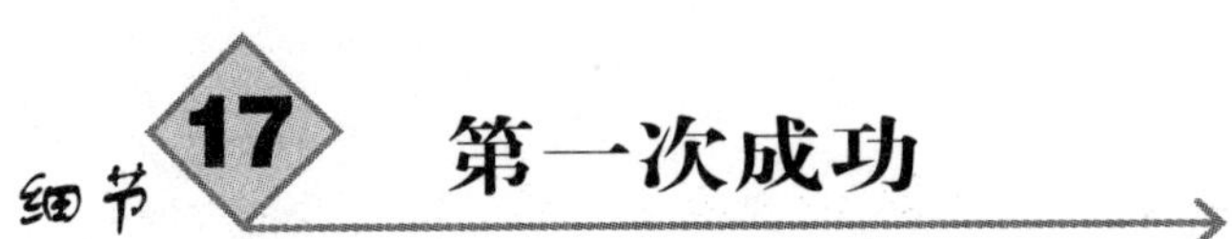

第一次成功

职场上的第一次成功意义重大，它不仅是你工作上手的标志，而且是你继续工作的勇气和信心之源。

一、职场成功要素盘点

我们在职场上是否能够成功，往往不在于知识，而是在于你在社会和工作中所学到的一些技能，这些技能是可以通过学习和训练得到的，而它们，也会帮助你在职场上更加得心应手，职场成功的要素如下图所示。

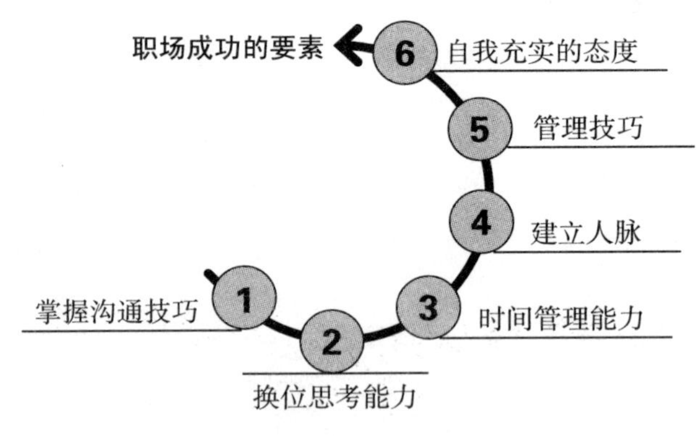

职场成功的要素

1. 掌握沟通技巧

我们每天都在与人打交道，尤其是在工作中，我们总是需要与不同的人沟通交流，所以沟通技巧显得尤其重要。如果你有许多很棒的想法，有许多建设性的建议，但是你无法很好地表达出来，那么它们永远也发挥不了应有的作用。不管是面对面沟通、电话沟通、通信沟通甚至是书信沟通，都需要一定的技巧。你可以向身边沟通能力强的人学习，学习他们的沟通方式和特点，掌握最有效的沟通技巧。有效的沟通是在表达的同时懂得认真倾听别人的话、有效提出问题，透过他人的反馈了解沟通的效果。有效的沟通能力会助你在职场上建立良好关系、助你一步一步走向成功。

2. 换位思考能力

在职场中，与人交往，与人共事，需要学会换位思考，考虑对方的立场、特点、兴趣等，会对你在工作中有所获益。如果你希望得到别人的帮助或配合，你也要懂得适时帮助别人。工作中，学会理解同事及上司所承担的责任和压力。你可以主动去帮助他人，让他们感觉到你的支持和理解。如果你希望了解别人的想法，最简单的方式就是去提问，然后认真仔细地倾听对方的回答，感受对方的想法。

3. 时间管理能力

对着一大堆的工作任务，你感觉到难以应付了吗？你需要有效的时间管理模式。你需要好好安排自己要做的事情，有先后之分、难易之分。做好计划和安排能让你实施起来更加高效。此外，对于额外的工作，如果超过你的负荷范围，要学会说“不”，很多人在职场当中充当老好人，不懂说不，一味承受，结果你做得最多最累，可别人却不一定看得见。要懂得管理自己的任务和时间。可以帮助他人，但需要在你完成自己任务的基础上。

4. 建立人脉

工作中需要与人打交道，这正是建立人脉的最好机会。公司内部、公司外部，都需要好好建立起属于你自己的人脉，成功的人往往是具备丰富人脉的人。人脉可以为你带来更多的机会，帮助你在职场上得到更好的发展。但是，不要仅仅着眼于他们能为你做什么，你要做的，是运用你的能力，先去帮助他们。

5．管理技巧

假如你是一位上司，你要懂得如何管理下属，如何让你的下属发挥最大的工作效率。一个好的管理者能够让下属服从的同时，更能坦诚相对。假如你还未成为管理者，那么你要学会的是自我管理，包括对自己工作状态、工作效率、工作态度的管理，让自己保持一种认真、积极的态度，不断进步。

6．自我充实的态度

你要始终抱有一种不断充实自己、不断学习的态度。你现在掌握的永远不够，你想要成功，你就必须让自己得到更多的东西。学习不只是指学习知识，更多的是社会交往和工作当中的技能和技巧。不断让自己成为一个更棒、更强、更专业的人，要做企业不可或缺的人、需要的人。那就是你的独特的竞争力。

二、职场成功：埋头苦干，不如抬头巧干

努力工作能取得职场成功是很多职场新人的普遍想法。但是，埋头苦干并不意味着能在职场中取得自己想要的那一份成功，甘当老黄牛、极力通过延长工作时间来取悦老板的做法已经不是现代职场的晋升妙招，识别和把握新类型的机遇才是成功的关键。

【实例】

毕业于名校的小刘一直坚信要靠能力说事，在学校看成绩，到了工作单位就要看业绩。于是在办公室里，他成了名副其实的拼命三郎，每日埋首工作，工作一多的时候，团队中一些游手好闲者常常叫苦不迭，而此时，小刘总是挺身而出，大包大揽地替别人干活，他认为：“年轻人多干点儿没什么不好，又

累不死，还能多锻炼自己呢。”渐渐的，他除了干自己的本职工作，还要收拾许多烂摊子，有时甚至一加班就到晚上十点。别的同事都忙着在上司面前展示自己，他却总缩在自己的办公桌前，疏于和上司沟通。一次，在给上司上报的材料中，他算错了一个重要数据，上司十分生气地说：“每天就看你瞎忙，也不知道忙的是什么？自己的工作出这么大漏洞，你自己好好儿检讨一下吧！”小刘觉得很冤，自己一直以来埋头苦干，不被上司赏识不说，反倒挨了批，真是吃累不讨好。

【分析与建议】

小刘的职业目标显然是落个老好人的名声即可！“多干即是多锻炼”的观念不错，但“锻炼”的是什么？小刘并没有回答上来。他抱着模糊的观念，来到现实的职场，遭到挫折，成为必然。

像故事中小刘这一类职场新人，要做到以下几点：

（1）埋头苦干，不如抬头巧干。

学校与职场对人的评价标准有着根本的不同，在学校埋头苦学，考个好成绩，就是好学生。职场中不抬头巧干，就不是一个好员工。抬头是指适应周围的人际环境，做到与同事、上司的沟通。巧干是指了解和熟悉物理工作环境，了解自己知识和能力，把工作做得有声有色。

（2）沟通交流。

职场中的沟通交流，不只是应酬之道，更主要的是“我与人”的管理，职场中的人际关系是围绕目标建立的。比如“5年内我要评上工程师”。除具备硬件内容规定外，还要与有关联的人和事建立良好关系。故事中上司指责小刘瞎忙，实质是指其不会沟通，不会建立人际关系。尊重上司的最有效的方法是适时地请上司教育自己、指导自己，上司才能获得被尊重的感觉。

（3）心态积极。

笑对挫折，摒弃急躁、贪婪、自私的欲望，用积极的心态让自己的职业充满希望。故事中小刘埋头苦干，目的是想获得上司好评，但遭遇批评时，如果真能检讨一下，就不觉得冤了。挫折也是“因祸得福”，其中秘密是靠积极心态来调整。

【实例】

小雯毕业那年入职了一家外企的销售部门，丰厚的收入让她决心一定要对得起这份工作，处处要求自己拔尖。年终考核时，她的业务量在同期入职的应届生中遥遥领先，一枝独秀。而她在办公室也成了“战斗英雄”，个人表现十分突出，有时她为了显示自己的能力，不惜包下一个组的工作来“单挑”，部门张主管说：“你真的很能干，需不需要我们给你一些支持或协助？”“没关系，我能搞定，您放心吧！”听到主管的称赞，小雯干活的劲头更足了。一年以后，部门上司调离到其他岗位，小雯心想：这下付出该有回报了，我肯定是升职的不二人选。然而，主管并没有提拔她，而是选了一位能力明显低于她的同事。小雯很气不过，跑去向主管问个究竟，主管说：“主管这个职位需要有团队合作精神的人，并且善于向他人学习、整合各种可以利用的资源，而不是单打独斗，所以你并不适合这个岗位。”

【分析与建议】

小雯是个业务能力很强的人，她对职业生涯充满了期待。职场中酣畅淋漓发挥的是技能，但交际沟通技能没有被小雯重视。

像故事中小雯这一类职场新人，要做到以下几点：

（1）去除自我中心化。

以自我为中心的人本质上是看不起别人的，或固执地坚持“我是对的”，这种人业务能力强，但对组织的发展是有危害的，这种人缺乏宽容性，对他人缺乏责任感。小雯就是一个自我中心感较重的人。她的当务之急是去自我中心化，把自己融入团队之中，相信自己不是事事比别人强，别人不是事事比自己差的道理。

（2）建立核心人际圈。

职场中的核心圈是相互支撑的，任何的成功如果不与他人“合谋”，只能是把愿景留在心中，团体合作精神就是别人愿意支持“我”，愿意让“我”

当他们的“头儿”，同时“我”也有能力，帮助他们取得成就。良好的合作关系，一是真诚地流露，二是有意“秀”出来的，“秀”即幽默，幽默是一种品位，一种人生态度，也是社交气氛中最佳的“调料”，是促使事业有成的工具。

（3）能力强与情商高配对是成功的基础。

两种美好的品德集中一个人身上，敌手就不能轻视你的存在，何况是职场中的同事。既然某些能力很强，更不要吝啬对同事的赞美。赞美同事，自己不会失去什么，反而会得到积极的回应。

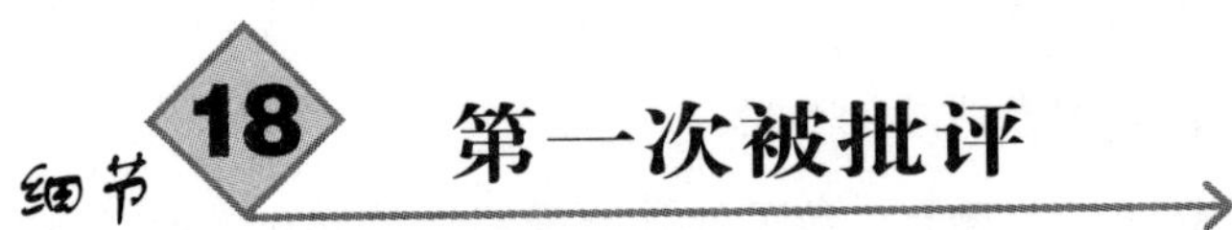

细节18 第一次被批评

在职场上，员工做错事被上司批评也是常有的事。尤其是新人，经验的局限性使他们更容易受到批评。如果你是新人，怎么对待第一次的受批评呢?

一、也许你只是“受气筒”

很多时候，新人受批评，并非因为真的错了，而可能只是充当了“受气筒”的角色。谁说不是呢? “欺生”是职场中最平常不过的事了。

遇到这样的情况，你可以尽量地找出自己受批评的“理由”。当然，“理由”总是有的，因为你经验不足，怎么都“拖”了公司的后腿。而如果只有这个理由的话，你便大可不必太自责，只是不得不加紧提升自己。毕竟，竞争激烈的环境里，需要有竞争意识和如“猛虎”般奋勇之人。

所以，被批评也不是太坏的事。虽然你可能确实受了点莫名的委屈，但不可否认的是，你会从此而更具战斗力了。当然，前提必须是，你不能一而再、再而三地当“受气筒”。如果是那样，你就成了“软骨包”，人人都可随意捶打基础。较好的方法是，做好自己该做的，问心无愧，该据理力争时据理力争。

二、积极应对“批评”

我们无法满意生活中的每一个人，同时也无法让每一个人都对自己满意，所以生活中我们总是面对着这样那样的批评，面对这些批评我们应该持什么样的态度呢？是句句当真还是置之不理呢？不同的人有不同的选择，不同的性格有不同的处事方法，不过无论如何我们都应该明白：我们的生命、行为等都是我们自己的，无论别人怎么批评，都不要让这些负面的信息影响我们的情绪。可以从如下图所示的几个要点做起。

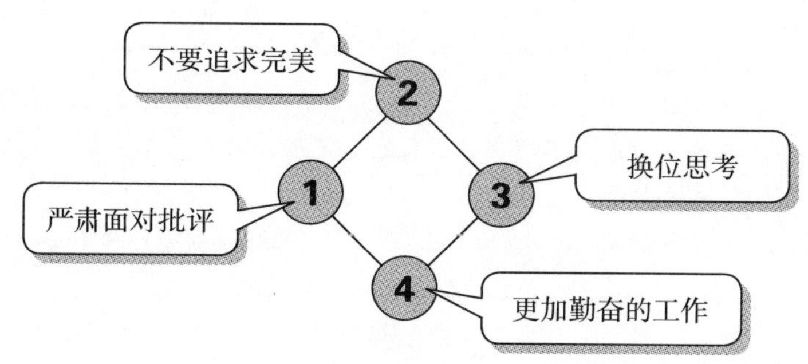

面对批评应做好的几个要点

1．严肃面对批评

一旦上司批评你，会涉及权威问题和尊严的问题。假如你无视他的批评，依然故我，造成的后果可能比直接顶撞他更严重，因为你目中无人，上司会觉得你让他难堪。因此，我们要虚心接受批评。

2．不要追求完美

追求完美之人很在意别人的看法，哪怕是别人有一丁点意见，自己也会去完善自己的事情，可是自己回过头来想想，人活一辈子，有多少事情是完美的呢？我们只要做好自己该做的就行了，而不是去追求完美。

3．换位思考

要是你是上司，你会容忍你的员工犯错吗？肯定是不允许，所以千万不要因为一时生气就去跟你的上司怄气，这是不明智的选择，因为一个公司的上司是公司的灵魂，不管他有没有错，他的权力总是至高无上的。

4. 更加勤奋地工作

千万不要因为上司批评你了就开始消极工作，要知道一个成功的人一定能够经得起压力和批评以及不理解。要是你消极工作，可能你会受到更多的批评，而要是你更加勤奋地工作，你一定能受到老板的重用，因为要是一个人能够受到各种压力还能继续工作，你的上司一定会对你刮目相看。

看上司不顺眼，是你能力不够；看同事不顺眼，是你胸怀不够；看朋友不顺眼，是你眼力不够；看自己不顺眼，是你自信不够。

——《职来职往》主持人李响

故事分享

上司没有批评我

有两个人，他们都是聪明人。

一个人是我的朋友。那个周末，我约他小聚。他心神不定，我猜他心里一定有事。一问，果然有事。他说："工作出错了，心里难过。"我问："上司批评你了？"他说："上司倒是没有批评我。"

我说："没批评就好，有什么难过的？"他说："正因为没挨批，我心里才忐忑不安，过意不去，没挨批比挨批还难受，才要琢磨如何弥补损失，以后不再出现纰漏。"原来，上司交给他一项工作，不想却出了纰漏，造成了损失。他以为上司会批评他。可上司不但没有批评，反而对沮丧至极的他进行了安慰和鼓励。他感觉很对不住公司，对不住上司，决心好好工作，全身心报答上司的信任。之后，他为公司创造了巨额财富，自己也升了职。

另一个人也是我的朋友。好久没有他的消息了，近日忽然听到了他的消息，由于工作经常失误，他已经被原公司辞退，而且不知去向了。记得去年见他的时候，他正幸灾乐祸。问他为什么高兴？他说："把一项工作搞砸了，上司没有批评我。”我劝他：“工作搞砸了还这么高兴，可不该。”他说：“上司都不管，你就别瞎操心了。”我说：“恐怕不是上司不管，而是上司不跟你计较吧？长期下去可不好，小心上司开了你。”他说：“不会的，我们上司不敢，还要用我呢。”话不投机，我用“你好自为之吧”结束了对话。不到一年，就得到了上面的消息。

犯了错误，无需上司批评，就能够自我改正，并把错误当成警钟，时刻提醒自己别犯错误。这样，错误就会远离你。这种人聪明。然而，另一种人犯了错误，上司没有批评，就幸灾乐祸，不思悔改，再次犯错是不可避免的。这种人心存侥幸，自以为聪明。不过，这样的聪明，早晚会误人误己。

相关链接

受批评切忌事项

1．表示不满

受到批评一定有原因，即使是被错怪的也有其可接受的地方。聪明的下属应该学会“利用”批评。上司错怪你了，你只要处理得当，有时会成为有利因素。然而，假如你表示不满，说一些不能向上司说的话，那么其产生的负面作用将会造成你和上司的关系恶化。

2．当面顶撞

当然，公开受到错误的批评，会让自己觉得难堪。但一方面你可以在私下耐心解释，另一方面，用实际行动来证明自己。当面顶撞则是不明智的。既然你都觉得难堪，反过来想想，假如你当面顶撞上司，上司也会觉得尴尬。假如你能给他面子，至少可以说明你大气、慷慨、理性和成熟。只要上司不是故意为难你，冷静下来后他会反思，你的行为将会让他难忘，他的心里会产生内疚感。

3. 忙于解释

被上司批评时没必要纠缠不休。那确实被错怪了该怎么办？可以找一两个机会说出真相，但要点到即止。即使你的上司没为你“平反”，你也没有必要不服气。这种不懂得宽宏大量的下属会让你的上司困扰的。假如你只是不想挨批，当然可以据理力争、毫不让步。但是，这样做的话你还指望升职吗？

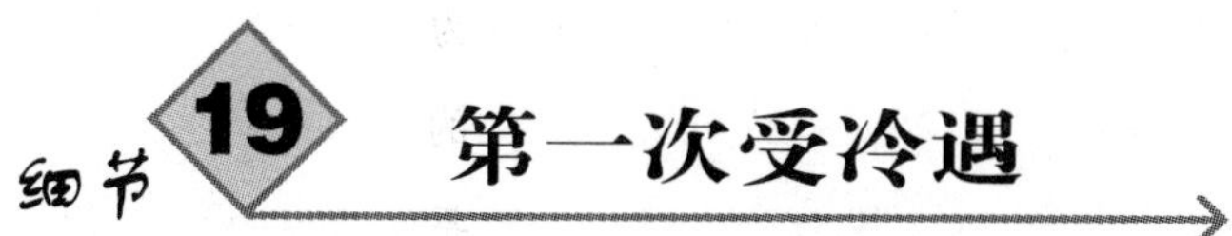

在职场中，许多人都有受冷遇，也就是坐“冷板凳”的经验。如何应对“冷板凳”，是职场新人必须学会的事。

一、工作中易受冷遇的人

职场中有几种人，最容易坐“冷板凳”。如下图所示。

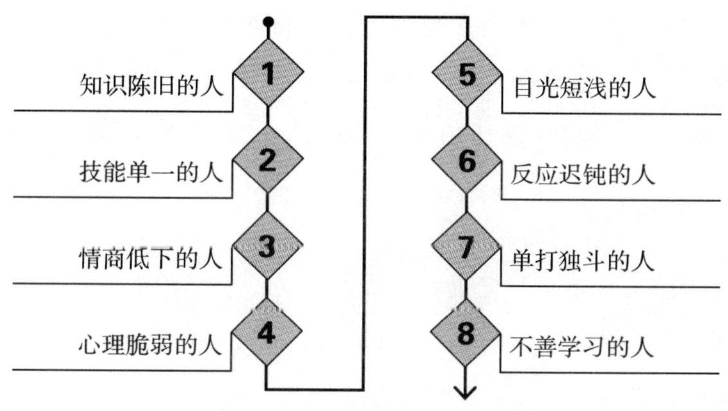

职场中最容易坐“冷板凳”的人

1. 知识陈旧的人

如今，知识更新的速度越来越快，知识倍增的周期越来越短。生活在这样一个时代，任何人都必须不断学习，更新知识，想靠学校学的知识“应付”一辈子，已完全不可能了。

2．技能单一的人

当前，竞争越来越激烈，就业、下岗、再就业、再下岗将成为司空见惯的事。你要想避免在职场中成为“积压物资”，唯一的办法就是多学几手，一专多能。

3．情商低下的人

在未来社会，不仅要会做事，更要会做人。情商高的人，说话得体，办事得当，才思敏捷。情商低的人，不是“不合群”，就是“讨人嫌”，要不就是“哪壶不开提哪壶”，这就麻烦了。

进入一个单位，能不能工作顺利、事业有成，情商是一个关键因素。笔者向职场中人提出善意忠告，在不断提升自己的能力时，你还应不断培养自己的情商。否则，“身怀绝技”也难免“碰壁”。

4．心理脆弱的人

由于生活节奏加快，竞争压力加大，有心理障碍或心理疾病的人逐渐增多，神经紧张、心理脆弱成了都市现代病。因此在当今社会，如果你没有一股不服输的“犟劲”，没有一种不怕难的“韧劲”，恐怕是不行的。

5．目光短浅的人

鼠目寸光难成大事，目光远大可成大器。一个组织的成长，需要规划，一个人的成长，需要设计。有生涯设计的人，未必肯定成功，没有生涯设计的人，一定很难成功。

6．反应迟钝的人

一个人如果思维不敏捷，反应不快速，墨守成规，迟早会被淘汰。

7．单打独斗的人

学科交叉、知识融会、技术集成的现实告诉我们，孤胆英雄的时代已经过去，个人的作用在下降，群体的作用在上升。“跑单帮”难成气候，“抱成团”才能打出一片天地。

8．不善学习的人

有些人虽然也想学习，但是不知道学习的方法，不能掌握学习的技巧。处在当今这个学习型社会里，人与人之间的差异，主要是学习能力的差异；人与人之间的较量，关键在学习能力的较量。

可见，职场新人为了避免自己坐“冷板凳”，就要努力不让自己属于这些类型。

二、坐了“冷板凳”怎么办

对于职场新人来说，坐“冷板凳”的日子不好过——备受冷落，满腔抱负没有发挥的机会，天天做一些跑腿打杂的小事情，也没有什么锻炼，似乎看不到“出头之日”。面对这样的情况，你会怎么办？

进入公司以来，小章一直都郁郁不得志。他学的是平面设计，因为自己的能力不是太突出，又是个新人，上司安排工作总是将他放在末位，做一些杂七杂八的活。既然被列为“冷板凳”员工，自然少了很多展示的机会，即使工作做出点成绩，也时常被他人的光环所掩盖。于是，他工作时有些无精打采，看着别人忙，自己在旁边不作声，慢慢有些不太合群了。

解决这个问题首先要摆正心态——不能偷懒。不能因为上司不重视你，你就在一旁打哈哈，要知道是金子早晚都会发光的。在适当时候，你可以提出一些宝贵意见，或许能让人眼前一亮，对你的能力重新认识，如果自暴自弃，反而上司会渐渐对你不信任。

我刚进公司的时候，由于不敢和上司说话，也遭遇过这种情况，我的创意被同事大胆地在上司面前说出来，反而成就了他。我一直反思，机会不是天上掉下来的，是通过观察分析得来的。后来，我就调查了上司的奋斗过程与关心的问题，在几次与上司打招呼后得到了一次长时间面谈的机会，在闲谈中，我谈了自己对工作的见解，给上司留下了深刻的印象，不久之后就得到了提升。

确实，坐了“冷板凳”就不能自暴自弃，给人落下口实，而是要不断地提升自己、展示自己，以便机会来时能及时抓住。毕竟，机会也只是属于有准备的人。

【实例】

小罗在公司干了一年，却一直没有得到晋升。他觉得老板不懂得爱惜人才，老是安排他做一些无关紧要的闲差，说他缺乏经验，需要慢慢来。但是小罗觉得自己完全可以比那些老同事做得更好。这使他十分烦恼，他又不好意思向老板提出自己的想法和主意。最后，他决定向老板提出辞职。他想老板一定会挽留，那样，他就可以大胆地说出自己的想法了。当他把辞职信递给老板的时候，老板只略略地看了一眼，对他说：“你去把这个月的薪水领了，另谋高就吧！”小罗感到非常恼火，就问老板：“难道我的能力不能让你感到满足吗？”老板平静地说：“一个人的能力不是靠自己说的，而是靠自己做出来的。假如你能再坚持一下，你就会有机会了。可惜，现在你只有离开了。”小罗只好悻悻地离去。

【分析与建议】

案例中小罗由于得不到重用，就满腹怨言，从而使自己陷入烦恼中。当他无法排解这种苦恼时，便想到了以辞职来换取老板的正视。殊不知，公司不怕他辞职，由于总会有适合的人来代替这个位置。老板的话“只要你能再坚持一下，你就会有机会了”，说明小罗所缺少的恰恰是耐性。

【实例】

小珍大学毕业没多久，就应聘到一家公司上班。她每天的工作就是负责收拾整理一些文件，然后交给业务部门的同事。这些琐碎的工作非常枯操无味。但是小珍并没有怨言，她每天认认真真地收拾整理文件，把工作做得井然有序。在收拾整理资料时，她会留心客户的具体情况。就这样，她整整做了两年。

后来，公司的业务进一步扩大，需要开辟一个新的领域，老板便准备在公司内部选拔一位员工任总监。小珍鼓足勇气给老板递了申请，结果被选中了。老板对她说："小珍，我早就认可了你的工作成绩。这两年来，你做的固然是很零碎的工作，但你的工作热情和敬业精神一直都没有消减。就凭这点，你一定可以承担起一个新部门的重任。"

【分析与建议】

案例中小珍是个极其智慧的女孩，在被老板安排坐"冷板凳"时，没有诉苦，而是利用这样的机会努力提高自己的工作水平。机会来临时，她很快就得到了重用。从老板的话里不难看出，小珍所做的努力，老板是看在眼里的。所以机会来临时，他才会把重任交给她。

可见，职场新人坐"冷板凳"是很难避免的，能做的就是好好面对它。其应对方法如下图所示。

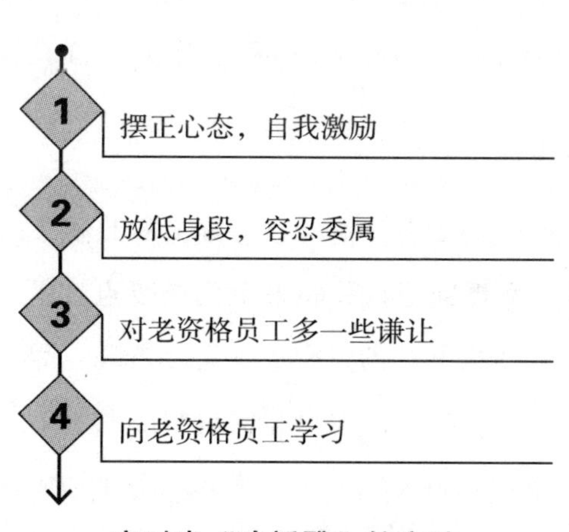

应对坐"冷板凳"的方法

1. 摆正心态，自我激励

假如你觉得你现在所在的公司会给你很大的发展空间，你不妨就坐一坐“冷板凳”，并且用一种平和的心态去看待，不要老是认为自己不受重视，有时候也许是老板故意用这种方法来考验你，看你是否有经得住打击的良好心态。巴顿将军曾说：“成功的考验并不是你在山顶时会做什么，而是你在谷底时能向上跳多高。”“冷板凳”也是一种考验。只要你能平心静气地对待“冷板凳”，也许机会就在不远处等着你。

2. 放低身段，容忍委属

新人初入职场时，融入新环境是很难的，你会发现自己被“架空”。同事对你不友好，随时抱着分歧的立场。碰到这种情况，先反省自己是不是有做得不妥之处，也不妨直接去问对方或者是周边的人，至少别人可以看到你解决问题的诚意，在自己可以忍受的条件下适当放低身段。马云说：“人的胸襟是被委屈撑大的！”千万不要激化了矛盾，因为糟糕的人际关系对新人来说没有任何好处。

3. 对老资格员工多一些谦让

初入职场的新人最怕那些喜欢倚老卖老的同事，因为他们喜欢指手画脚。新上司到岗后也有可能碰到此种问题，有些老资历的部属难以驾驭。确实，老资格员工是有一定话语权的，所以不要不满老资格员工的“倚老卖老”。

4. 向老资格员工学习

假如被“落单”，就要学会厚起脸皮，向老资格员工学习，多观察他们的工作方法和思索方式，要不耻下问，也许他们的指点就是你逃离“冷板凳”的良机所在。其实，坐“冷板凳“的过程也是追寻真理、提升自我的过程。“冷板凳”会教人坚强，教人成熟。只要有足够的耐心与能力，一旦时机成熟，便会成为炙手可热的主角。总而言之，“冷板凳”对于弱者来说是绊脚石，对于强者来说却是垫脚石。

细节20 第一次遭误解

做人难，做别人的下属更难，想成为左右逢源的职业人则是难上加难。因为很多时候，我们甚至会因为一句不经意的话，一个不小心的举动，在浑然不知的情况下得罪了上司，被上司误解。等我们明白过来，往往为时已晚。

不过对于善于处理上下级关系的聪明人来说，被上司误解也并非无药可医，比如下面故事中的小林。

小林原本是基层车间的普通钳工。两年前，行政部新调来的刘经理见她文笔不错，便顶着压力将小林调进了行政部做行政干事。从此，小林对刘经理的知遇之恩一直铭记在心。前不久，小林又被晋升为厂办秘书，成了厂办张主任的部下，精明干练的她很快得到了张主任的认可和喜欢。

只是没多久，小林敏感地意识到老上司刘经理和她渐渐疏远了。暗中一打听，才知道张主任和刘经理之间有过私人恩怨，因而刘经理总是怀疑小林倒向了张主任那边。

小林顺藤摸瓜，终于查找到了被误解的源头：原来，在不久前的一个下雨天，小林只顾着给张主任打伞，却没给刘经理打伞。但是小林非常冤枉，因为当时她从后面赶上给张主任打伞时，根本就没有看到刘经理正在不远处淋着雨，误解就此产生了。

一怒之下，刘经理在许多场合都说自己看错了人，说小林是个忘恩负义的小人，谁做她的上级，她就跟谁搞关系。直到刘经理的言论传到小林的耳朵里，小林才意识到了事情的严重性。

上面故事中的小林应采取哪些措施应对呢？不外乎是以下几种。

1. 极力掩盖矛盾

每当有同事提起刘经理和自己关系不好时，小林总是极力否认，因为她根本不想让更多的同事知道刘经理和自己有矛盾。小林此举的目的是想控制事态继续扩大，这样有利于缓和矛盾，而不至于出现“众口铄金”、无法收拾的局面。

2. 公开场合表明“立场”

小林虽然在厂办工作，但经常和刘经理有工作上的接触。每次见面，小林都面带微笑，主动和刘经理打招呼，即使刘经理爱理不理，小林却总是保持足够的热情。有时候因为工作需要和刘经理同坐一桌招待客人时，小林每次都会主动给刘经理敬酒，还不止一次地公开说自己是刘经理一手培养起来的，自己十分感激刘经理。小林此举的目的是表白自己时刻没有忘记刘经理的恩情，绝对不是忘恩负义之人。

3. 背地里褒扬上司

小林深知当面夸人不如背地褒扬的道理，因此她经常在背地里对别人说起刘经理对自己的知遇之恩，尤其是在同事们说她与刘经理有矛盾时。即使是某些同事说刘经理的其他缺点和坏话，小林也会极力为刘经理辩白。小林此举的目的是想通过别人的嘴替自己表白真心。人们传得多了，刘经理自然会知道。了解到是小林在背地里褒扬自己，刘经理肯定会高兴，这样一来更有利于消除误解。

4. 紧急情况时“救驾”

工作中，小林总是在留意行政部的动静，如果知道刘经理遇到了紧急情况，小林总是会在第一时间挺身而出，前往“救驾”。有一次，市里通知所有企业张贴标语，时间紧任务急，刘经理一时急得团团转，小林知道后不仅及时赶到，而且一连两天都帮着忙活到夜里两三点，最终完成了任务。小林此举的目的是想重新博得刘经理的好感，让刘经理觉得自己并没有忘记他，仍然是他的部下，这样做有利于刘经理消除误解。果不其然，在那件事以后，刘经理的态度有些改观。

5. 找准机会解释前嫌

看到自己的努力有了效果，小林便瞅准时机，利用与刘经理一同出差外地的机会，与刘经理进行了推心置腹的交流。刘经理最终被小林的诚心打动，并说出了对小林的看法以及误解小林的原因——“雨中打伞”一事。小林听后再三解释，希望刘经理不要责怪她。刘经理表示不计前嫌，因为小林确实是个不可多得的好下属，虽然现在她已经不是自己的直接下属，并表示一定要跟小林和好如初。小林此举的目的是利用单独相处的机会，让刘经理在特定的场合里更乐意接受自己的解释。结果，她成功了。

6. 经常加强感情交流

即使是在刘经理的误解烟消云散之后，小林也不敢掉以轻心，而是趁热打铁，经常找理由与刘经理进行感情交流，比如向刘经理讨教写作经验，到刘经理家串门聊天，等等。久而久之，刘经理更加喜欢这个昔日部下了。小林此举的目的是通过经常性的感情交流增进与原上司之间的友谊，让误解无从生根。事实证明，小林的不懈努力，不仅达到了自己的目的，而且还让刘经理觉得自己以前说过的话有点对不住小林，为了补偿，此后刘经理逢人就夸小林，并且准备向上级推荐小林，让她更上一层楼。

总之，员工让上司误解之后要积极面对，想方设法化解矛盾。不能因赌气而随之任之，也不能为了“报复”而不合作。职场新人尤其需要注意这点，因为你的“功绩”本来就欠缺，加上这么一点，那就更难在公司立足了。除非，你真觉得干得没意义了，否则，为了别人的一点小误会而牺牲自己的锦绣前程，那是大大的不智。

相关链接

应对各色上司的秘诀

对于职场人士来说，最小心的一桩事莫过于面对自己的上司。如何更好地“揣摩上意”，无疑决定着你能否有一个愉快的工作环境，无疑决定着你是否得到重用，无疑决定着你能否比你的同事更快地得到升迁。但是每个上司都有自己的价值观和行为方式，每个人都有自己的习惯和性格，所以应对不同上司需要运用不同的方式。

1．理智型上司

这种类型的上司可能是最多的。他们一般说话不多，举止安静；高兴时不会手舞足蹈，悲痛时不会逢人诉说；认为对的，不会热烈地表示赞同，认为错的，不会竭力地表示不满。他们过于理智的头脑，往往让下属猜不出他们究竟在想些什么。

因此，遇到理智型上司，一切工作计划，你只要提供意见，不要自作主张，等到决定计划后，你只要负责执行便好。至于执行的经过，必须有详细的记载，即使是极细微的地方，也不能稍有疏忽。这种一丝不苟的精神，正是理智型上司所喜欢的。

2．热情型上司

如果遇到热情的上司，逢他（她）对你表示特别好感时，不要完全相信而且认为相见恨晚，你必须明白他（她）的热情并不会持久，要保持受宠不惊的常态，采取不即不离的方式。“不即”可使他热情上升的走势和缓，不致在短时间便达到顶点；“不离”可使他不感失望。对于热情的上司，最好相信“君子之交淡如水”，上司毕竟是上司，而非朋友。

3．豪爽型上司

遇上一位豪爽的上司，实在是值得庆幸。只要善用你的能力，表现出过人的工作成绩，一旦时机成熟，绝对不担心没有发展的机会。当机会未到时，你应很愉快地工作，并做得又快又好，这表示了你游刃有余的能力。同时还要随处留心机会，好好把握。

4．冲动型上司

有的上司脾气十分冲动，动不动就大发雷霆，当着许多人的面训斥一个下属。这种人实际上是权欲狂，他们常常在下属面前滥施权威而沾沾自喜，心满意足。

这类上司有一个共性，那就是欺软怕硬。你一旦被他们的权威镇住了，就永远做唯唯诺诺的奴才，如果你理直气壮地顶住了他们的蛮横，他们一般都会退却，你今后也会在他们面前受到应该得到的尊重。

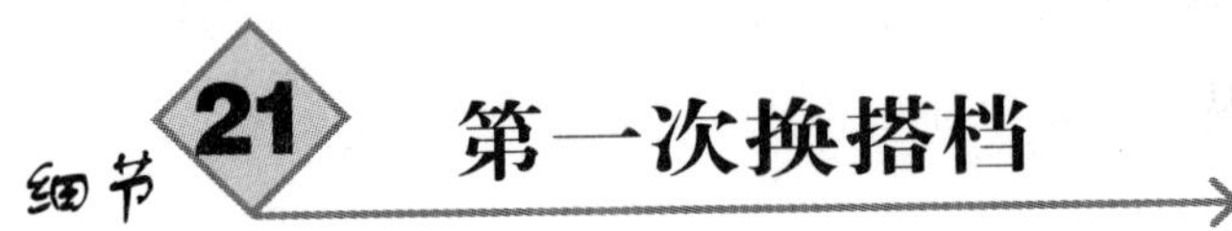

细节21 第一次换搭档

工作搭档是职场中非常关键的角色。如果搭档默契，工作效率就非常高，如果搭档不好，就会误人误事。新人在工作中一定要与搭档和谐共处，即使是换了搭档也原则不变。

“工作中的搭档总是和我作对，我都要被逼得辞职了。”小何是一个刚毕业半年的大学生，在工作中遇到一位“资历老但不愿干活，事事都往外推的搭档”，工作得很不愉快，甚至想换工作了事。

“我们组共三个人，一个是领班，一个是老刘，还有我。”小何说，他们三人本来工作还算融洽，但7月中旬领班住院了，让他接手她的工作，搭档辅助。“一开始配合得还可以，但是后来我叫他做什么事情，他都不愿意听我的，毕竟我22岁，老刘40岁，他面子上过不去，闹到上司声明让我代替领班的位子，要求他听我的命令，后来我有什么事情便开始命令他，他不喜欢我的‘官腔’，我们大吵一架。”从此以后小何就开始不和搭档讲话，而搭档则不再帮小何做任何工作。

“我承担了两个人的工作，很忙很累，他则悠闲地打游戏、闲坐，什么事情都往我身上推！”小何说。虽然他明白新人要多磨炼，但这样的环境着实让他开心不起来。“我打算辞职了，当然不只因为他，还有待遇和发展前途上的考虑。”

小何本来跟随领班干得好好的，后因领班告假而接手了“领班”工作，却不能再与老同事和谐相处。这说明，职场新人，尤其是刚毕业的大学生在工作中与搭档的默契和谐是非常重要的事。而一旦换了角色或搭档关系，往往会有些不适应，尤其难以让资历老学历低的老同事信服。

那么，如何与能力不如自己但资历比自己老的人合作，是很多职业新人会遇到的人际困惑。不妨从以下几方面作出调整：

1．换位思考，体谅尊重对方

如果你是对方，你会希望一个比自己小很多的刚毕业的同事怎么对待自己？他开始愿意配合，后来忍受不了你的官腔和你吵架，是自尊心受伤后的自我保护。你首先要摆正晚辈的位置，降低身段，将命令变成请教，请对方去想解决的方法，并按这个方法去做，尊重他，自然就容易解决和他的冲突。

2．多看优点，学会欣赏对方

“对付他”是一种敌对和蔑视的态度，任何人都有优点，他的劳动是值得欣赏的。

3．清晰角色，划清工作范围

要清晰你们彼此间的角色与分工，你是代领班，要明晰他的工作范围，同时也让他知道你的任务有多重，争取他的理解与支持。

总之，学会与学历能力不如自己的老同事合作是职场一门必修课。职业新人只要懂得如何与人合作，自然也不会因换搭档而措手不及，甚至陷入困境。

故事分享

好搭档很重要

与施工部新班子搭档近一年了，照理经过这近一年的磨合，工作应该完全踏入正轨，青黄不接的局面应该得到改善。但实在是无奈啊！这一年小张比以前任何时候都累，但始终没有看到起色。

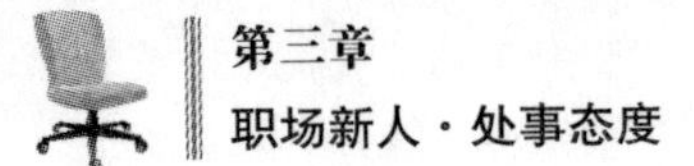

想起去年总经理曾跟小张提起施工部经理将作调整，小张当即提出异议，并不是想为那经理说情，他知道说了也没用。可实在是物色不到更合适的人选。跟那经理搭档有六年了，只要小张的任务交到施工部，他总是毫无怨言地配合完成，就是有再大的困难，他们总是有商有量，互相配合共同挺过的。

当然那经理也有过失的时候，最终总经理的意思不能违抗，那经理在公司待下去也没味了。最后离开了公司。

新上任的施工部经理是个老实人，看上去做事也踏实，工作也很尽力。可这个岗位光有老实、踏实和尽力是不行的。工程上的事总是要协调的，可能实在是能力有限，他缺乏必要的沟通能力和协调能力，工作中接二连三的问题暴露出来。

工程上的事其实不用小张多过问的，小张只要配合督促一下即可。公司总经理也是这个意思，让小张的主要精力放到业绩上。

但出了问题矛盾还是集中到小张这里，小张不能不闻不问。可说得多了，难免伤了和气。今天就为了一些工程上的进度和质量问题，他们的处理意见又有分歧。

为什么这些以前都不是问题的事，到了现在都是问题呢？为什么以前能解决的事现在都不能解决呢？人和人之间真的是有差别的呀？

在其位，谋其职是我们做人最起码的职业道行。可这位印象中的老实人倔脾气一上来，干脆二手一摊，说是不管了，他没办法。还说一连串的牢骚话发泄一通。听得小张真的很生气。

工作中谁都有难处，在一起工作是要互相配合的，能力不行，大家可以互相包容，但不能一下子连最起码的责任都不敢担，最起码的工作责任心都没有吧？这近一年的时间，看他做得很累，小张也跟着累，但工作并没有起色，心里真的好郁闷啊！

工作上的事能尽力解决就尽力解决吧！不想将问题过多的集中到总经理处。再说都是打工的，工作上还是尽力磨合，能包容就包容。但小张真的意识到，要做好工作，搭档真的很重要啊！

我们能理解故事小张的困惑与烦恼——搭档真的很重要！如今企业的发展前行，团队的作用最重要，这就离不开相互间的支持配合和协调默契。只是每个人处在的位置不同，所以处理解决问题的方式也就不同。取得共识的关键就是在倾听、理解、尊重的基础上学会换位思考。有时换个心情，换个角度看问题，我们会豁然开朗。

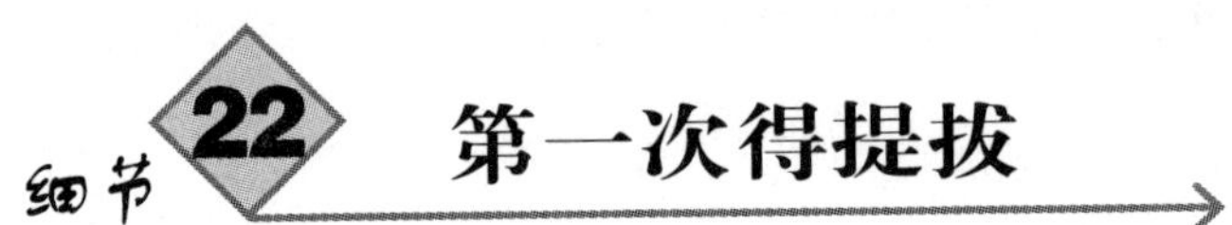

细节22 第一次得提拔

升职，毫无疑问是件值得开心的事，但兴奋和期待的那一波热潮过后，你要面临的，是在新职位上的适应。作为职场新人，第一次升职更是一件具有挑战性的工作。

一、升职“路障”需谨防

拿破仑曾说：不想当将军的士兵不是好士兵。这同样适用于职场。职场上的升职加薪是一个永恒话题。作为职场新人，你不可不提防以下十大升职“路障”，如下图所示。

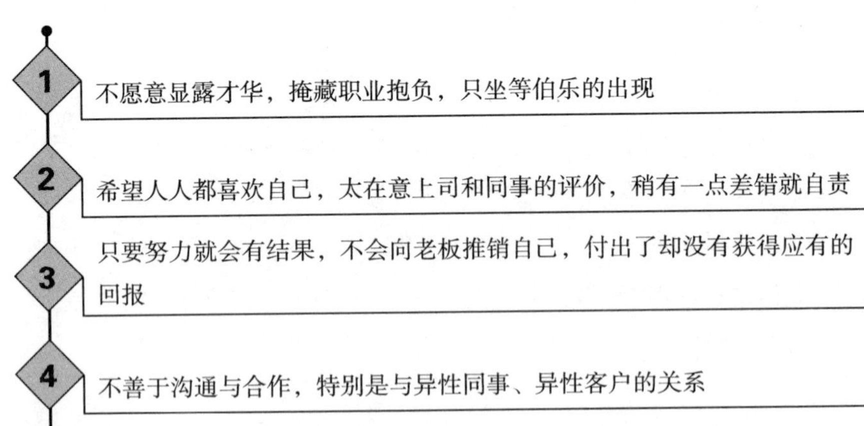

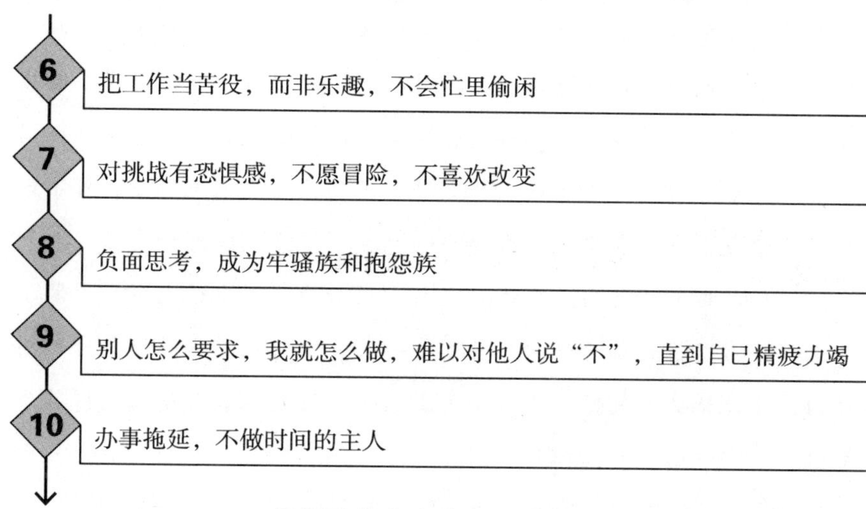

需提防的十大升职“路障”

1．不愿意显露才华，掩藏职业抱负，只坐等伯乐的出现

持有这种心理状态说明你是一个对自己的能力缺乏自信的人，有极强的依赖性与惰性，也许你会默默地做许多工作，而且是一些对你来说引不起任何兴趣与激情的工作。但由于你抱有这种心理状态，不会努力去争取你所感兴趣的位置，更不会向上司展现你的特长与才华。只希望你的老板能够有朝一日看到你勤奋工作的样子，进而发现你、提拔你，而你在他发现你这位“能人”之前，所做的只是苦苦地等待再等待。

可见，一味被动地等待他人的发现是极为愚蠢的想法。特别是你的上司乃至老板，他们的头脑中不知有多少事要考虑，多少关系要处理，你勤恳的工作态度他们固然不会视而不见，但若指望他们能够明白你的真正需要，那可是天方夜谭了。所以别太天真了，聪明的做法是在老板肯定了你的敬业精神之后，适时讲出你真正的需要，这样反倒会让他觉得你是一个了解自己并充满自信的人，对你委以重任。

2．希望人人都喜欢自己，太在意上司和同事的评价，稍有一点差错就自责

晓雨是外贸公司的公关部助理。也许是由于工作性质的原因，经常要和

公司上上下下的人打交道。晓雨本身是一个谨小慎微的人，她深知在大公司做事人际关系的重要和人言可畏的后果，所以她处处留心，生怕得罪了同事或上司，生出什么枝节。对每个人她都是有求必应，笑脸相迎，从来没有对周围的人说过“No”，她本以为自己的为人处事可算得上是天衣无缝了，可不知为什么，渐渐的她成了办公室里最遭冷漠的一个人。她感到疑惑和委屈，因为她自感没有做错任何事，相反由于自己对别人有求必应，使自己无形当中做了许多额外的工作，占用了大量的时间。直到有一天，一位从前和她挺要好的同事告诉她缘由，才让她恍然大悟。原来正是由于她的过度随和，使人觉得她虚伪，不可相信。

其实有晓雨这种心理的女性为数不少。这种为人处事的态度非但不聪明，其后果往往会使自己处于一个尴尬的境地。其实身处职场，大可不必为了博得所有人的欢心而为难自己，只要本着个人的原则，坦诚共事，就不失为明智之举。相反，若把自己引入一个人际网的漩涡之中，非但你的业绩不会有所提高，能否在此久留都可能成为问号。所以，还是将自己的大部分精力投入到本职工作中，做出成绩才是在公司立足的前提。

3．只要努力就会有结果，不会向老板推销自己，付出了却没有获得应有的回报

婷是从事企业标志设计的，她工作十分努力，为了一个标志的设计经常是几天几夜地泡在工作台上，直至最后定稿。

婷不是一个善于表现自己的人，从自己的设计中她能够获得足够的满足与自我的肯定，也许正是因为这个原因，对于每次的成功，在老板眼中是整个企业设计部努力的结果，而丝毫没有注意到作为总体设计的婷所起到的作用。就这样，婷拿着与其他人相同的薪金，却干着超出旁人几倍压力与辛劳的工作。她感到了一种失落与不公，毕竟她也要生话，也要休闲。她提出了辞职，好在她的老板此时也意识到了什么，以高薪挽留住了婷，这也许是一件心照不宣的事。

从以上故事中可以得到一些启发。就是在工作上，你除了应努力做出优秀的业绩之外，更应注意让上司知道它们，当然这并不是让你不论大事小事都要汇报，而是要学会适时地表现自己，因为你的付出应获得应有的回报，而且应该成为让上司记住你的砝码。

4．不善于沟通与合作，特别是与异性同事、异性客户的关系

琪是电脑公司客户服务部的助理，由于公司男同事较多，琪无形中便成为一朵众人竞捧的金花，再加上琪性格外向活泼，更成为公司里不可或缺的一颗明星。可因此也生出了不少是非。不久一些不好的话便充斥了公司所在的写字楼，琪成了一个被人议论的中心。最可悲的是，和琪交往了3年的男友因为一些议论与琪进入了冷战期。琪因此而极为苦恼，本想在这家公司做出一点事业的想法早被淹没了，无奈只好早早收兵，离开这一是非之地。

其实，琪的遭遇并非一个特例，身处职场的女性或多或少都会遇到与男同事、男客户共事的情况，如何处理好与异性的关系不仅关系到你在旁人眼里的形象，还会进而影响你的情绪。其实说起来也很简单。保持距离，而又不失亲密，既不要让男人觉得你是个空有曲线身材的铁腕女人，也不要给人以有机可乘的柔弱之感，还有至关重要的一点是尽可能杜绝办公室恋情的发生。

5．陷入内斗漩涡，在办公室内争利益，互不相让，必然两败俱伤

月是公关公司的项目发展一部的经理，她与二部的经理东向来是死对头。

一次因为争取一个时装发布会的赞助商，月和东展开了一场激烈的竞争，从而导致公司的运营状况陷入了危机，结果由于该赞助商对月和东所在公司的整体凝聚力产生怀疑，宣布退出此项目，月和东也因此被处以降级的处罚。

其实，在同一个屋檐下进行明显的竞争是极为不明智的做法，结果往往是导致两败俱伤。对于自己看不惯或有利益冲突的人，最好的办法是选取一条互利之道，团结为本，回避矛盾，这样不仅显示了你宽容的胸怀，更体现出你以

公司的整体利益为重。记住，顾全大局乃是公司决策者所欣赏的首要素质。

6. 把工作当苦役，而非乐趣，不会忙里偷闲

静是外企职员，每天的工作就是拟订合同、统计销售情况、制定市场运作方案。她通常是每天最后一个离开办公室的人，回到家已是精疲力竭，连煮咖啡的力气都没有了。到了周末，她只想昏天暗地睡上两天。至于休闲、外出根本就是心有余而力不足。渐渐地，静发现自己简直就是一个工作机器，银行卡里的钱在几个百分点地涨，可自己的眼角的皱纹也在以几何指数的速度狂增。这究竟是不是自己所要的生活呢？

回答当然是否定的，对于职业女性来说，工作固然是重要的一部分，但生活中还有许多值得你去看、去享受的内容，千万不要把自己变为工作的奴隶，学会劳逸结合才是真正会生活的人。

7. 对挑战有恐惧感，不愿冒险，不喜欢改变

性格温柔，善解人意的梅是一大公司的业务主管。谈起她成功的秘诀，梅说："成功需要艰苦的付出，同时也需要一点冒险精神。以前，我在另外一个部门工作，属于比上不足，比下有余的一类，所以对现状很满足。直到有一天，公司内部重组，老板找到我，问我是否愿意去拓展一项新业务。说真的当时心里真是没底，可最后还是硬着头皮接下了。于是，才有了今天这个样子。当然，这其中也不乏有努力与艰辛。"

有句老话说得好：不入虎穴，焉得虎子，成功需要艰苦的努力，但更需要勇气和敢干冒险的精神。克服惧怕心理，面对挑战，相信自己能行。这恰恰正是成功者与平庸者的差别所在。

8. 负面思考，成为牢骚族和抱怨族

留学海归凡是一家美国公司的部门经理，素以为人豁达开朗而受到同行们的好评。谈及此事，她毫不掩饰地说："以前我不是现在这个样子，很少有开

心的时候，稍不顺心，就会抱怨不休，似乎这个世界上所有的人都和我作对，搞得自己事事都不开心。后来终于意识到，抱怨不能解决任何问题，只有以积极的态度去面对，才是解决问题的关键。”

有的人碰到问题时往往习惯于先发一通怨气，而很少从问题的实际出发，寻找自身的缺点，进而解决它。作为职场新人，一定要用积极的态度去面对问题，才能让以后的路走得更顺。

9. 别人怎么要求，我就怎么做，难以对他人说“不”，直到自己精疲力竭

很多女孩子在工作中常常会做乖乖女。别人怎么讲，她就怎么做，但结果往往是吃力还不讨好。比如下面故事中的君。

君曾任职于一家大公司，开始工作时负责文件整理和跑银行等杂事。有一次一位同事问她可否帮助复印几百份的产品介绍，君看着自己手上的待处理的文件，迟疑了一下，还是答应了，心想这不会占用很多时间的。可是当君处理完自己手头的工作，已没有时间去复印了，自己感到内疚不说，同事也不满意，在老板眼里，君成了不经世事，委曲求全，却承担不了大事的黄毛丫头。

可见，在接受他人或上司的委派时，量力而行是极为重要的，给自己加太多额外的压力其结果只能是适得其反。在他人面前做一个干活漂亮、办事高效、精力充沛的人，这才是成功的开始。

10. 办事拖延，不做时间的主人

拖延而没有计划性是职场一大忌。一般来讲，女性做事是比较细致的，但同时又缺乏高层次的计划与统筹安排。另外对于一些自己力不从心的项目总是先搁置一边，待到紧急关头，才草草从事，敷衍交差了事，这是缺乏主动性的表现。

以上十大升职“路障”，特别青睐职场新人。因此，你一定要谨言慎行，以致平步青云。

二、升职后的烦恼

未升职时盼升职，升职之后又有烦恼。那是因为，升职之后“地位”不同了，人际关系也随之更变。

【实例】

升职初期，让谢琳不适应的是同事对她的称呼，原来熟悉的“琳子”取而代之变成“谢总”，让她浑身不自在。在她看来，升职只是公司给予她的认可和更多的话语权，不代表要和之前的办公室氛围划清界限。之后，一起“头脑风暴”讨论广告创意，有她在时，下属的发言也都不太积极，要知道以前大家在一起能碰撞出很多火花。

她感觉自己如置身在孤岛上，周围的人都离她越来越远。

她把这种感觉讲给一个朋友听，朋友听完说：“就像你现在还没有适应你的新身份一样，你的同事们同样没有适应这种变化。一个原来可以随便打闹玩笑的人，现在掌握着他们的生死大权，这种变化会给相处方式带来怎样的改变，大家都不知道，都在探索当中。”

谢琳觉得有道理，回到公司之后，她私下约了几个相熟的同事喝下午茶，委婉地说明自己虽然升职，但是还是希望和大家一起把工作干好，实现多赢，并且希望大家有什么问题都不妨直接说出来。经过这种开诚布公的沟通之后，似乎彼此的关系没有那么尴尬了。谢琳知道，这只是个开始，但她已经有信心更好地走下去。

【分析与建议】

从平视变成仰视，角度的调整必然要带来心理的调整。先摆正自己的位置，才能处理好与下属的关系。

【实例】

对于松松来说，升职居然变成了一种负担。她原本是人力资源主管，做得轻车熟路，现在连行政也要一起管，看起来权利范围扩大，但她知道她涉入一个“地雷区”。公司的行政组，大都是管理层或者客户的亲戚熟人，除了两个新来的小姑娘还比较能做事，其他都是一副“事不关己，高高挂起”的态度，关键是还得罪不起。

而且，女人多的地方从来都是是非的“温床”，松松已是尽量按照原来的轨迹给大家分派工作，但还是遭人诟病。另外，她想针对公司现状做一些企业文化方面的宣传，提出方案给大家讨论，人力资源组提出一些合理化意见，行政组却是既不给意见，也不愿意执行。两方在会议上虽不是剑拔弩张，但氛围也降到了冰点。事后，分管他们的副总还找到松松，说有人投诉她搞派别斗争，希望她要注意影响。松松真是有苦难言，在跟上司提出辞职的时候，她终于明白前任经理离职后对她说的那句话：“在这里，大家不是看你怎么做事，而是怎么做人。”

【分析与建议】

遇到得罪不起的“关系员工”，缩手缩脚是解决不了问题的。每个人都有成就动机，发现这些员工最擅长或是他们最看重自己的才能，并适当地发挥出来，是让他们积极配合你工作的关键。

【实例】

小钟的这次升职属于“空降型”，他原本是一家公司的部门经理，被朋友推荐到现在的公司做新产品研发总监。就他的技术能力来说，完全可以驾驭，但复杂而陌生的人际关系，让他在上任初期很是头疼，总觉得自己是个不熟悉“公司司情”的外来人。

经过和上司的沟通，他心里大致有个底，决定采取“奖惩分明”“强势+怀柔”的方式。首先更加明晰了考核制度和奖励措施，对于技术有突出贡献的，按季度发放奖金，而对于碌碌无为的，年终奖将打折，甚至不再续签合同。规则之下，人人平等，小钟按考核说话，对于那些仗着资历深而不创新的人，无疑是一种挑战。当然，有些家里有妻子待产、或是父母小孩生病的，小钟也给予很宽松的考勤政策，只要不太影响工作，都是允许的。

小钟的新任职历程伴随着这一系列的举措推进，在过程中发现不妥的地方，也及时修改。渐渐地，他的威信树立起来，他自己对公司的归属感也愈加强烈。

【分析与建议】

“空降型”上司最忌没有充分了解部门状况就盲目点燃三把火，最后可能导致引火自焚。而应该积极与自己的上级沟通，并取得上级的支持，然后对症下药地制定措施。当然，个人魅力也很重要。

总之，升职不是一件简单的事。未升职时，你要努力追求；升职之后，你要努力适应。不过，无论如何，作为新人的你，勤学谦虚的态度不可或缺。

第四章

4

职场新人·细微见著

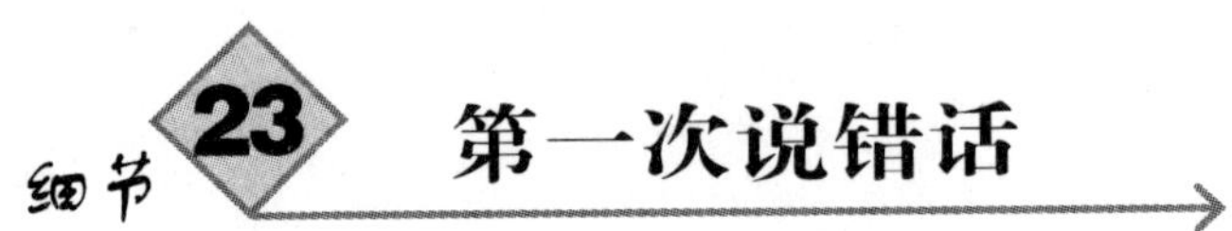

第一次说错话

人与人相处的第一印象很重要，这会影响到别人往后对你的观感。尤其是公司新进职员如果留给上司或同事不好的第一印象，日后可能要花上好几倍的时间，才能扭转上司或同事对你的“偏见”，并证明自己的工作能力。

因此，作为新人的你，要想避免说错话就得把握好如下图所示的几个原则。

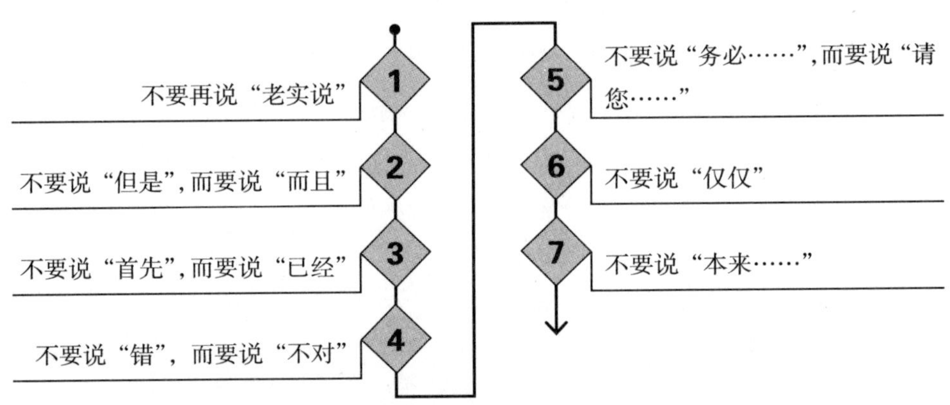

避免说错话应把握的原则

1. 不要再说“老实说”

公司开会的时候会对各种建议进行讨论。于是你对一名同事说：“老实说，我觉得……”在别人看来，你好像在特别强调你的诚意。你当然是非常有诚意的，可是干吗还要特别强调一下呢？所以你最好说：“我觉得，我们应该……”

2. 不要说“但是”，而要说“而且”

试想你很赞成一位同事的想法，你可能会说：“这个想法很好，但是你必须……”你的话本来是认可别人的，可加上“但是”就会大打折扣了。其实，你可以说出一个比较具体的希望来表达赞赏和建议，比如说：“我觉得这个建议很好，而且，如果在这里再稍微改动一下的话，也许会更好……”

3. 不要说“首先”，而要说“已经”

你要向上司汇报一项工程的进展情况。你跟上司讲：“我必须得首先熟悉一下这项工作。”想想看吧，这样的话可能会使上司觉得你还有很多事需要做，却绝不会觉得你已经做完了一些事情。这样的讲话态度会给人一种很悲观的感觉，而绝不是乐观。所以建议你最好是这样说：“是的，我已经相当熟悉这项工作了。”

4. 不要说“错”，而要说“不对”

一位同事不小心把一项工作计划浸上了水，正在向客户道歉。你当然知道，他犯了错误，惹恼了客户，于是你对他说：“这件事情是你的错，你必须承担责任。”这样一来，只会引起对方的厌烦心理。你的目的是调和双方的矛盾，避免发生争端。

所以，把你的否定态度表达得委婉一些，实事求是地说明你的理由。比如说：“你这样做的确是有不对的地方，你最好能够为此承担责任。”

5. 不要说“务必……”，而要说“请您……”

你不久就要把自己所负责的一份企划交上去。大家压力已经很大了，而你又对大家说：“你们务必再考虑一下……”这样的口气恐怕很难带来高效率，反而会给别人压力，使他们产生逆反心理。但如果反过来呢，谁会去拒绝一个友好而礼貌的请求呢？所以最好这样说：“请您考虑一下……”

6. 不要说“仅仅”

在一次通力攻关会上你提出了一条建议，你是这样说的：“这仅仅是我的一个建议。”请注意，这样说是绝对不可以的！因为这样一来，你的想法、功劳包括你自己的价值都会大大贬值。本来是很利于合作和团体意识的一个主意，反而让同事们只感觉到你的自信心不够。最好这样说：“这就是我的建议。”

7. 不要说“本来……”

你和你的谈话对象对某件事情各自持不同看法。你轻描淡写地说道：“我本来是持不同看法的。”一个看似不起眼的小词，却不但没有突出你的立场，反而让你没有了立场。类似的表达方式如“的确”和“严格来讲”等等，干脆直截了当地说：“对此我有不同看法。”

总之，说错话是职场中无法避免的。由于不自信和缺乏沟通技巧，新人的嘴里更容易冒出不合时宜的话。只有遵循以上的几种原则，你才能更好地表达、展现自己的实力，从而获得更多成功的机会。

故事分享

祸从嘴出

席间，同事不小心把水倒在了我腿上。我忙说没关系。他一个劲地说不好意思。我当时不知道怎么了就说了句：“你怎么跟个女人一样婆婆妈妈。”结果，上司大为恼火，说如果有下次就让我下课，说我不懂规矩。后来自己也意识到了，我是新人，里面都是我的长辈。可是当时就不知道是怎么回事。没管住自己的嘴。

细节 24 第一次递名片

戴尔中国区市场总监阚孝全说他去见客户的时候常常讲这样一句话："你不买戴尔的商品没有关系，不过我的名片请你保存好放在桌面上，如果别的厂商过来洽谈时看到我的名片一定会比较紧张，这样你就可以拿到一个比较优惠的折扣了。"

可见，名片在职场中的地位和重要！

的确，名片看起来是一个很小的东西，却使你淋漓尽致地表现了你对客户的尊重。新人若想尽快成为优秀销售员，就不得不掌握名片礼仪。

一、第一次与客户见面一定要记得交换名片

即使在预约的电话中已经通过话，彼此也已经通名报姓了，还是应当交换名片。名片是销售员进行人际交往中的重要工具，经常使用，而且至关重要。

第一次见面，依次同时接收几张名片，千万要记住哪张名片是哪位先生或小姐的，如果是在会议席上，在休息时可以拿出来，排列次序，和对方的座位一致，这种动作同样会使对方认为受到你的重视，而且能帮助你准确地认人。

二、选好递送名片时机

若有人介绍，应等介绍完对方和自己后，再递上名片；若没人介绍，应在向对方打招呼、简洁的自我介绍后，再递名片；如果是登门拜访，应先口头自我介绍，再递名片。

三、遵循递名片顺序

交换名片的顺序一般是“先低后高”，即应依照职位高低的顺序，或干脆按距离由近及远，依次进行。但不要跳跃式进行，否则会使对方有厚此薄彼之感。

四、不同国家客户不同对待

陌生人相识，如果是亚洲人，他们往往开口之前先毕恭毕敬地用双手把自己的名片呈递给对方，这好像是不可缺少的礼节。然而，西方人一般却都不大主动递送名片，双方见面寒暄几句，甚至海阔天空地聊一番也就各自走开，只有当双方谈话投机，希望继续交往时，才会主动掏出名片，二话不说先递名片反倒显得有些勉强。

五、恭敬地递送和接受名片

递送名片时，应该以谨慎的态度，恭敬礼貌地递给对方。在递出名片时，切忌采用如下方法：

（1）捏住名片的一部分递出去。

（2）以指尖夹着名片递出。

这两种递法容易将尖利的地方朝向对方，是极不符合礼节的。

正确的递法应是：

（1）手指并拢，将名片放在掌上，用大拇指夹住名片左右两端，恭敬地送到对方胸前；或食指弯曲与大拇指夹住名片左右两端奉上。

（2）名片上的名字反向对己，使客户能够清楚地念出自己的名字，并且要走到使对方容易接到的距离递送上去，这才是递送名片的最基本礼仪。

同样，拿出名片时，请不要忘记脸上带着微笑，并且不要慢慢吞吞、拖拖拉拉，因为如此会让对方有焦急的感觉，甚至对你的销售工作产生排斥感。

六、递送名片的态度要严肃认真

出示名片时应严肃认真，不能采取随随便便的态度。初次交往时客户会凭你出示名片时的态度来衡量其人品，判断是否值得交往。外出时，你应事先将名片放在易于取出的地方，在适当时机顺手掏出，恭敬地递给对方，并客气地说：“这是我的名片，请以后多加联系。”这必然留给对方一个较好的印象。

七、礼貌接受名片

必须礼貌地接受名片，其基本原则是：

双手都空着的时候，必须双手去接

接过对方的名片后，一定要专心地看一遍，切不能漫不经心地往口袋中一塞了事

同时与几个人交换名片，且又是初次见面时，要暂时把名片按照对方席位的顺序放在桌上，当与对方交谈，边谈边记住对方的姓名和面孔后，在适当的机会把名片收起来

假如同时有几个客户在场，就必须记清客户和名片的位置，绝对不可以张冠李戴，念错名字

礼貌接受名片的基本原则

八、妥善保存名片

如果错把别人的名片递送给对方，将是一件非常失礼的事情，而且也会造成尴尬的场面。把名片放在西裤的后口袋里，会给人一种不尊重对方的感觉，所以名片还是放在西装上衣口袋比较好。

总之，名片礼仪是职场礼仪的一个重要部分。职场新人要掌握名片礼仪，漂亮地递出自己的第一张名片。

九、交换电子名片

现在，有很多种免费的电子名片交换方法，并且都交换方式都很方便。个人觉得微名片可能是最好的，因为它的交换方式很多，操作也简单。可以通过扫描二维码交换，也可以通过短信、邮件发送名片信息，还可以通过微信、微博等SNS工具一键分享给他人。

相关链接

名片细节需注意

（1）名片夹也许会使用比较久，所以请购买品质好一些的。

（2）不要将名片放在车票夹、小笔记本里面，取用的时候既不方便也不体面。

（3）名片夹应该放在西装的上衣内袋，而不是裤袋里，尤其是后裤袋更不是用来放名片夹的。

（4）彼此交换名片的时候，应当是左手拿自己的名片，右手收取别人的名片，如此互相交递名片。

（5）不容易念的姓名一定要向对方问清楚，但不要直接问这个字怎么念，你可以重复一下对方的姓名，不会的字做一个明显停顿，示意对方，通常对方都不会介意重复一次的。

（6）如果会谈的时候有会议桌，不用急于将名片收好，在收取了对方名片之后，如果有多人，应当按顺序放在桌面，临走的时候，一定要将名片收好。不可将其他东西放在名片上，这是一大禁忌。

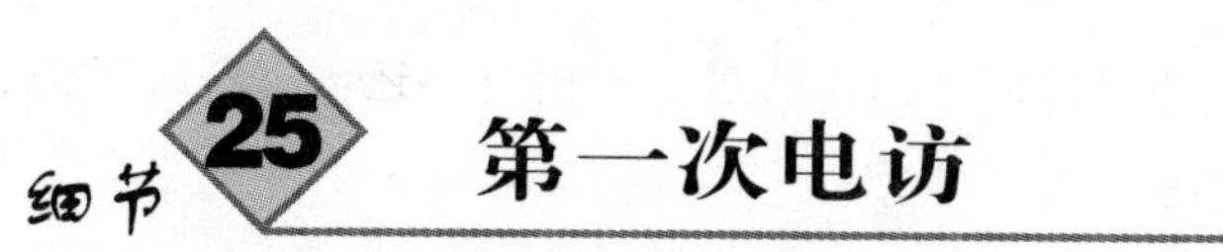

细节25 第一次电访

在营销行业，约客户大多运用电访术。职场新人，尤其是选择销售类的，电访术是工作必备能力。你第一次如何约客户的？这就要看你平时练的功夫。

给客户打电话时，你不能直接表明来意，说自己是某某，要做什么，而要旁击侧敲，打开客户的心扉，接受你这个“不速之客”。要想打开客户的心，你必须遵循以下原则。

一、利用对方感激之心

销售人员要以客户利益为基准，使自己的销售宣传符合对方的需求，这种做法的结果会使客户从内心乐意接受销售人员的约见要求，欢迎销售人员的上门造访。这样，销售人员对客户至真至诚的关心自然会得到客户的感激与报答。

二、抓住客户的好奇心

有时，销售人员可以利用人的好奇心吸引客户的注意力，使客户参与销售人员的销售当中来。

激发客户的好奇心通常有以下几个策略，如下图所示。

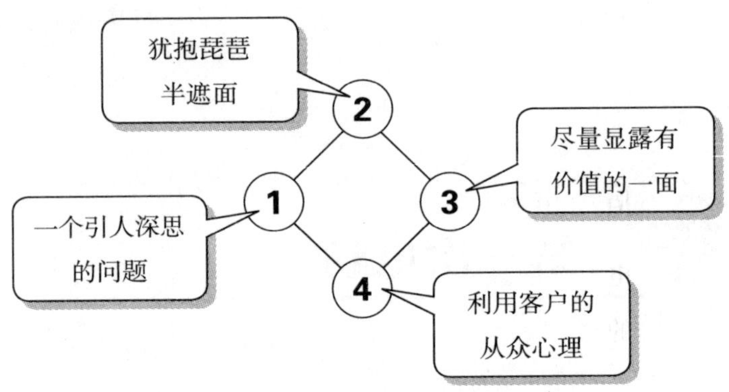

激发客户好奇心的策略

（1）一个引人深思的问题，例如：

“您猜猜看？”

“请问您知道……是什么原因吗？”

类似的问题可以引起客户的好奇心，这是因为，客户很好奇销售人员为什么会这样问，同时想知道答案。

（2）犹抱琵琶半遮面。

在电话里提供给客户部分信息，给对方留有悬念，意味着销售人员在面谈时可以提供丰富完整的信息，从而争取约见的机会。例如：“××先生，我公司工程师对你们目前使用的系统进行了研究和测试，他发现了许多问题。”

这样的问题会勾起客户的急切之情，他会问：“什么问题？”

“问题牵涉到很多方面，在电话当中可能很难说清楚，我想还是当面跟您说可能更好一些，请问您明天有时间还是后天有时间？”

（3）尽量显露有价值的一面。

假如产品能带给客户一些好处或利益，客户一定不会拒绝的。例如：

“您想了解一种可以帮您提高目前产量的40%的产品吗？”

“有一种方法可以为您带来30%的利润或是节省30%的成本，您有兴趣了解一下吗？”

（4）利用客户的从众心理。

人是群居动物，害怕孤单，害怕落后，所以人人都有从众心理。

例如："坦率地说，××先生，我们已为您的许多同事或同行解决了非常重要的问题，这个问题对您来说也是存在的，您不想了解一下吗？"

三、电话与信函相结合

销售人员在打电话之前应给客户发一个邮件、信函，以引起客户的注意，制造一个争取接纳的机会，利用信函的同时，如果销售人员及时跟踪客户，打通电话与有关客户联系，就可以起到应有的电话销售作用。

四、社交应付法

电话销售人员在电话中必须态度和蔼，言语委婉，表述得体，能为客户的利益想得细致周到，使对方感到盛情难却。一般来说，客户遇到如此的邀请，都会从百忙中抽出时间，欣然前往赴约洽谈。看看下面故事中小刘里怎么做的吧！他的做法非常值得菜鸟们借鉴。

"王主任，您好，我是某某公司的销售员小刘，昨天你和经理一道来我们公司门市部选购电机，最后你们商量要等过了元旦再购买。现在刚巧有个机会，从下周开始我公司开展便民服务月活动，不仅每台电机的价格可以优惠供应，而且实行三包服务，还负责培训操作维修人员，免收费用。我想你们不会错过这个大好机会，所以我建议你们公司赶快购买。最好在下周五上午来门市部选购，到时我在那里恭候您的光临，事后我再派人送货上门。"

故事中小刘的一席话，肯定能打动客户的心：早买早用，又享受优惠价格和优良服务，何乐而不为呢？

总之，电访是约见客户的重要手段。你掌握了电访术，你就是高手，尽管你是新人。

相关链接

新人与客户打电话的细节

新人在与客户打电话的过程中，除了仔细聆听客户的需求及回应外，还要注意一些细节。

1．注意电话礼貌

礼貌本来就是必备条件，如果是打给陌生客户，那么就更需要格外注意电话礼貌，因为每一通电话从接通到挂断，对方可能会不记得你是谁，却会记得这家公司的名字，为了维持公司的形象，业务人员当然要注意电话礼貌。

2．掌握每一位通话对象

比如“麻烦请找林先生。”“他不在。”“好，谢谢！”

且慢，就这样挂上电话了吗？那未免太可惜了！既然现在握着话筒、既然是电话行销，那么不管是谁来接通这电话，业务人员都可以“见风转舵”，即使是打错电话也可以“将错就错”，除了练习电话行销能力之外，说不定误打误撞反成为客户呢！

3．保留完整的通话记录

常常看到业务人员在工作日志上会记着与客户的互动情形，不过却很少看到日志上出现“客户不在”之类的记载。

“什么？连客户不在都要记？”或许你会出现这样的疑问，答案是“没错”。不但要记，而且要记得清清楚楚。

4．别在电话中进行产品说明

在电话中，简单介绍产品的功能，是吸引客户与你见面的桥梁。但千万不要谈产品的细节与费率。因为这样会拉长谈话时间，客户也不见得听得懂，就很可能直接拒绝了。这就违背了约访初衷。

5．不要边抽烟、饮食或嚼口香糖

这个道理很容易懂，相信谁都不喜欢听到对方在电话那一头发出“滋

滋”的咀嚼声。这样也会使你口齿不清，难以表达话意。

6. 千万要让对方先挂电话

做事要有始有终，电话约访也一样。即使电话即将告一段落，不管有没有约访成功，业务人员都要维持应有的礼貌态度。通常，用两次“谢谢”和三次“再见”来结束这通电话。业务人员千万要让客户先挂断电话，否则，对方会觉得你很不懂礼貌，这样的人他不会信任。

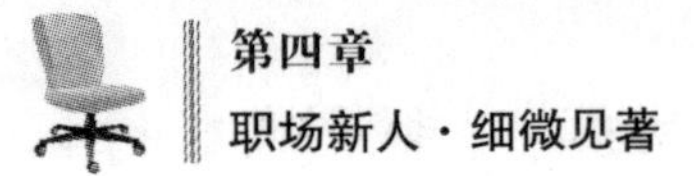

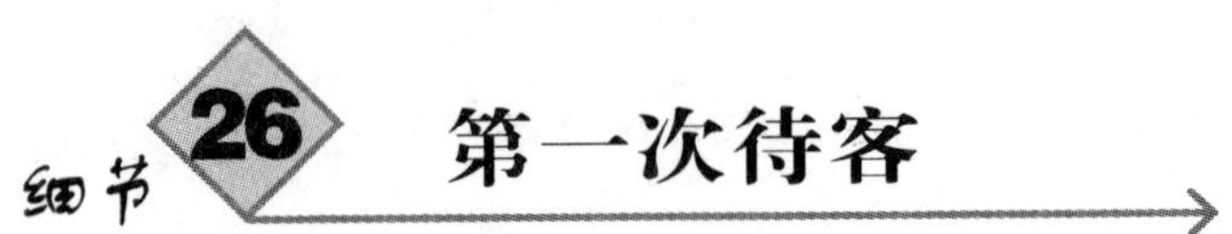

细节26 第一次待客

接待活动作为一项典型的职场交际活动，非常讲究礼仪，如：在仪表方面，要面容清洁、衣着得体、和蔼可亲；在举止方面，要稳重端庄、风度自然、从容大方；在言语方面，要声音适度、语气温和、礼貌文雅。作为职场新人，你应学会掌握一些接待客户的礼仪。

一、访客接待准备

访客接待工作的准备是整个接待工作中的重要一环。准备工作做得好，就使接待工作有了良好的基础，才能接待好客人，达到应有的工作质量和接待效果。

1．遵循接待原则

遵循接待原则有以下要求，具体如下表所示。

遵循接待原则的要求

序号	原则	具体要求
1	诚恳热情	诚恳热情的态度是人际交往成功的起点，也是待客之道的首要点。热情、友好的言谈举止，会使来访者产生一种温暖、愉快的感觉。因此，对于来访者，不管其身份、职位、资历、国籍如何，都应平等相待、诚恳热情、落落大方

（续表）

序号	原则	具体要求
2	讲究礼仪	由于企业在经营中，不可避免地会接触到各种不同文化背景的人，而接待活动作为一项典型的社会交际活动，应以礼待人、尊重各国文化，体现接待人员较高的礼貌素养。讲究礼仪包括： （1）在仪表方面，要面容清洁、衣着得体、和蔼可亲 （2）在举止方面，要稳重端庄、风度自然、从容大方 （3）在言语方面，要声音适度、语气温和、礼貌文雅
3	细致周到	接待工作的内容往往很琐碎，涉及许多方面的部门和人员。这就要求接待人员在接待工作中综合考虑，把工作做得面面俱到、细致入微、有条不紊、善始善终
4	按章办事	许多企业都制定有接待方面的规章制度，企业行政办公接待人员必须严格遵照执行。例如： （1）不得擅自提高接待标准 （2）重要问题要随时请示、汇报 （3）对职责范围以外的事项不可随意表态 （4）不准向客人索要礼品，对方主动赠送的，应婉言谢绝，无法谢绝的，要及时汇报 （5）要根据不同国家、地区、民族的风俗习惯来合理接待来访者等
5	保守秘密	接待人员在重要的接待工作中，往往会参与接触到一些机要事务、重要会议、秘密文电资料等，所以要特别注意保密工作。接待人员在迎来送往的过程中，尤其要注意言谈举止的分寸，注意内外有别，严守企业秘密

2．了解、掌握客人情况

一般情况下，客人在到达之前会事先通知，接待人员在接到通知后，一定要弄清客人的基本情况，包括：

（1）客人的企业、人数、性别、身份、民族，必要时应掌握客人的年龄和健康状况。

（2）客人来访的目的和要求。

（3）抵离时间、乘坐的交通工具和车次航班等。

在了解上述情况之后要及时向有关上司部门报告，同时通知有关部门和人员，认真做好接待的准备工作。

3. 拟订接待方案

接待一般客人，可按惯例和有关上司的意见，直接提出具体接待意见。接待重要客人或高规格的团组，要根据客人的意图和要求以及本企业有关上司部门的意见，拟订接待方案。方案应包括：

（1）客人的基本情况。

（2）接待工作的组织分工。

（3）陪同人员。

（4）食宿地点及房间安排。

（5）餐费标准及宴请意见。

（6）安全保卫。

（7）交通工具。

（8）费用支出。

（9）活动方式和日程安排。

（10）汇报内容的准备及参与人员等。

接待方案在报请企业有关上司部门批准后，须认真落实。

4. 落实接待方案

按照拟订的接待方案，通知各有关方面做好准备工作：

（1）通知有关部门准备汇报材料。

（2）落实食宿地点，通知宾馆安排好房间和用餐。

（3）通知接待人员，落实接车（机、船）办法。

接待人员要采用有效措施，使准备工作落到实处。当然，不是所有接待工作都需做好上述准备，而要视客人的具体实际情况，做好准备工作。

二、访客到来的接待

访客接待工作在企业的客户到来之后就正式开始了，接待工作企业一般都有一套固定的操作模式，包括以下几个流程步骤，如下图所示。

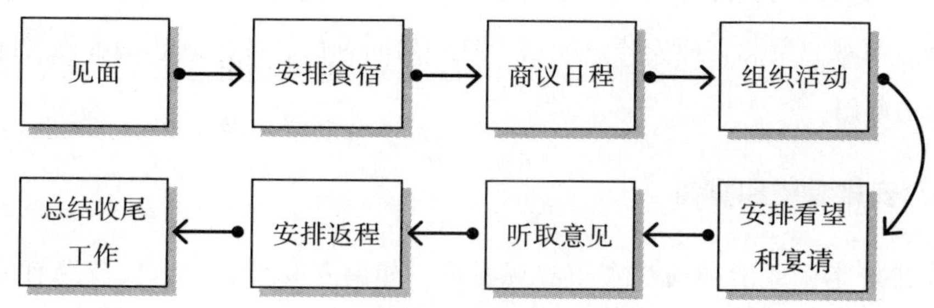

访客到来的接待流程

1. 见面

正式接待的礼节之一就是握手。握手是最常见、最普通的礼节形式。握手时要亲切友善、自然大方。

其次是身份介绍，包括两种情况：

（1）自我介绍。自我介绍一般是小型的会见，或者是主宾两个人的会见。

（2）引见介绍。引见介绍通常是由第三者、陪同人员及秘书介绍。

2. 安排食宿

客户到达宾馆后，工作人员应把客户送到事先安排好的房间内。如果客户较多，房间一时难以落实时，可先请客户到大厅休息，然后再联系房间。客户全部住下后，应通知其就餐时间、地点。对贵宾，则按贵宾的礼仪接待。

3. 商议日程

把客户的食宿安排妥当后，应进一步了解客人来访意图，以便商议活动日程。把活动的内容、日程、方式、要求及时通知有关部门，以便进行工作。

4. 组织活动

组织活动工作比较复杂，涉及若干企业上司和部门，接待人员一定要按照日程安排，精心组织好各种活动。客人如听取汇报或召开座谈会，要安排好会议室，通知参加人员准时到场并把与会者名单及汇报材料提供给客人。客人如要视察、参观、游览，应安排好交通工具和陪同人员，并把到达的准确时间通知所去的部门。

5. 安排看望和宴请

安排好本企业上司前往宾馆看望客户。如需要宴请客户，应按照有关规定，根据客户的情况，确定宴请的时间、地点、标准和陪同人员。一般情况下，只安排一次宴请。

6. 听取意见

在客户的来访活动全部结束后，要安排一定的时间，请本企业上司与客户会面，听取客户对本企业工作的意见，交换看法。

7. 安排返程

要按照客户的要求，订购车（船、机）票，商议离开住地的时间。要安排好送行车辆和送行人员，协助客户结算各种费用，把客户送到车站（机场、码头），使客户满意而归。

8. 总结收尾工作

（1）电话通知客户所在部门，告知客户所乘车（机、船）的班次及时间，以便接站。

（2）要与有关部门结算账目，及时付款。

（3）把接待工作中形成的文件、材料收集齐全，以备查用。

（4）总结接待工作的经验教训。

三、访客接待中的工作细节

前面讲的都是接待工作中的一些事务的安排。但是作为接待人员，尤其是新入职的接待人员，更要注重访客接待中的礼仪。

接待人员对来访客人的招待，从行礼、询问到引进、奉茶等行为动作或其间的各项有关事项，都是不可掉以轻心的。领客户到待客室，以及为客户开门和招待的方法、技巧各不相同，也没有什么礼仪规范，但平时自己应训练出一套适合自己、顺畅合理的方法。以下介绍一些简单的技巧：

1. 访客来访时的礼仪

访客来访时，立即从座位站起，并以明朗清晰的声音说："欢迎光临"，且同时行礼。行礼时是将心中充满的敬意，以实际行动表示出来。只是点个头的话，并不是很好的行礼方式。打招呼的种类有很多种，必须配合时间、场合、对象及当时的状况而定，应以最适当的方式来应对。

（1）常来熟客。

对于常来的熟客，要能记住（他）她的样子及姓名，一进来时即能立即先说出"××先生/女士，欢迎光临"，而访客听到了自己的名字时，定能倍感亲切。

（2）预先约定的访客。

对预先约定的访客，因为事先已经知道，可说："您是××先生/女士吧！请稍等一下。"

（3）大批访客同访。

当有大批访客同时来访时，就算是曾经见过面的、认识的访客，在没有特别理由的情况下，也不可以先招呼安排，必须按照先后顺序，听取他们的事由并作适当安排。

2. 访客引导礼仪

引导访客时，首先须知道访客要去的方向。身体稍稍向前方倾斜，然后手指着将要前往的方向作指示。向右前进时以右手指示，向左前进时以左手指示，肘部很自然地侧指着前进的方向，同时，手掌轻轻地朝上，五指并拢，切记五指不要分开。

（1）过道上（走廊）。

在过道上行走时，要走在离访客稍稍右侧前约1.5米，其要点是：

①身体稍向着前进的方向倾斜，手指着此方向。

②稍靠着过道的右边前进，使访客可以走在过道的中央，如果门是在左侧，要尽量靠左边行走。

③在行走时应避免完全遮住访客的视线，使自己身体能稍向客人侧仰行走。

④走道相当长时，偶尔也要回头注视一下访客的脚步，配合访客的步调前进。若不回头稍注意一下访客就自己急急躁躁地走，访客必然也要急急地紧跟着，这种态度是很不得体的。

⑤走到转角处时，要稍停，回头目视访客并以手指示转弯方向，表示走到这边时将要转弯了。

（2）上楼梯。

①上楼梯时，身体稍向前倾斜，走在访客前三四级台阶，偶尔也要回头注意访客的脚程是否安全；走到楼梯平台处时要稍停一下，确认访客是否跟上。当然，先后顺序也可依当时状况而定，有时先行上去也无妨。

②在下楼梯时就得让访客走在前头，引导人则跟随在后。

（3）电梯。

引导访客搭乘电梯时，以让访客先行搭乘为原则。但是须带领搭乘时则相反，引导人须先行进入电梯，按住“开”并说：“请进。”让访客进入搭乘；到达目的楼层之后说：“××楼到了。”并按住“开”的按键，让访客先走出。

在电梯内引导者要尽量站在靠近按钮处，让客人站在最上位。电梯内的位置，从入口处向里看，左边最里面的位置为最上位。

（4）开门前务必先敲门。

带领访客到接待室前要说：“就是这里。”以便访客有准备。在开门之前务必先敲门，敲门以三下为限。右手轻握拳头敲门，敲门力道大小及间隔时间要特别注意。

就算是事前知道此接待室内无人在时，也务必请先敲门，因为有时会发生没有事先预定接待室，但公司里的人在里面讨论事情的状况。此时若没有敲门就忽然推门进入却发现里面有人在时，无论哪一方都是尴尬的。

敲门不只是通知里面使用的人而已，也是要确认里面有没有人在使用。

（5）引访客进入接待室。

在接待室里，基本上是以离入口最远的位置为上席。请牢记能将访客按部就班地引导至正确的席位上。

要请访客入座时，请站在访客的旁边，右手指着座位并说："请坐，请坐这里。"即可。

在引导招待前，若访客已经坐在公司员工的座位上时，如果请访客改坐到正确的座位上去，且访客愿意，应说："谢谢！"并引导至正确的座位上去，但若访客说"不用了，这里就可以。"时，也不要勉强。

（6）要离开接待室的做法。

当访客坐在位置上后，要点头招呼说："×××马上来了，请稍等一下。"打完招呼后，走到门边站着，再度点头招呼，然后离开接待室。这时对访客的引导接待算告一段落了。

3. 接待室的准备

（1）接待室应准备周到。

接待室是为公司内人员和访客商谈公事所使用的场所，因此应准备周到：

①对于摆设着的时钟及月历的日期是否正确，报纸、周刊是否过期等事情都要特别注意。

②电话的旁边，务必要放置纸笔。

③接待室要经常保持整齐美观，以便能随时招待访客。桌面是否干净，椅子的背垫、椅垫等是否干净，要经常检查，随时保持舒适的状态以供使用。

④接待室使用过后，不单只是将杯皿等端出，换取清洁的烟灰缸，每次使

用完毕后，还必须擦拭及整理桌面上的东西。

（2）主动为来访者挂衣帽。

告诉来访者帽子、大衣、公文包和约会时其他不需要带的物品放在何处，主动为他们把衣帽等挂起来。

（3）来访者等待时予以关照：

①若来访者必须等待，叫他们坐下来等。

②若要等的时间较长，给他们提供一些报纸和杂志。

③若来访者要受到特别关照，你可以问："您等待的时候我能为您做点什么吗？"如果他们想查一下电话簿或者打电话，你可以主动帮忙查号码，但不要坚持。

4. 上茶技巧

对于来访的访客，如果端出一杯可口的茶水来，可使访客心情愉快地洽谈；相反的，若端出的茶水是冷的，也无香味，这是很无礼的。

一杯茶看似小事，但是却担任着极其重要的角色，所以一定要注意奉茶过程中的细节。

（1）泡茶应用心。

泡出好喝的茶的重点即是诚心用心地泡茶。用70℃～80℃的热水，将泡好的茶倒入茶杯，约七分满。端出给多数访客使用时，要注意每个茶杯的水要均等，而茶的浓度最好一样。

（2）装茶的茶具要干净。

泡好的茶，却发现茶杯有缺口或有裂痕，或者杯子上有污垢时，简直是糟蹋了好茶，也是非常不礼貌的。当然，当访客来临时，才慌慌张张地准备也是来不及的。所以平常要十分注意保证茶具处于干净的状态。

（3）茶盘要双手捧着。

拿着装茶的茶盘，要以双手捧着，大约放在胸前的位置，此时手肘间大概成90度角。全部端完时，将茶盘放在侧面，轻轻点头招呼退到门边，再度点头招呼后，不出声音地离开。

（4）茶应两手端出。

端茶要从访客中最上席的人先给，自己公司的人最后才给。两手端出是基本原则，但是如果客人很多时，用单手也无妨。放时务必说“对不起”“请”，放置时尽量不要发出声音。

如果从访客的身后端时，要从访客的右肩的方向端出，但是也可视状况不拘泥于此，可从最方便端的访客位置端出。

（5）茶要放在访客的正前方偏右一点。

茶要放在访客的正前方偏右一点，距离桌边10厘米左右。

桌上有文件散放着时，如果茶放在文件间的空隙，很容易碰倒翻，所以要提醒“放在这里了”，并稍微整理一下，尽量放在离文件稍远的位置。

（6）有新客加入要即时添茶具。

有新访客加入时，要即时添加茶具。另外，如果商谈时间很长，要注意随时帮助添加茶水。添加时，注意茶水不要溅落到桌上或文件上，可随手准备一块擦布擦拭。

5. 送客礼仪

由于访客职位及与该公司的关系各不相同，还有当时的状况、条件等也有差别，所以送客的方式也有不同。一般而言，可送到出入口处，如电梯前，或是送到公司的门口，并帮忙打开车门直至车子开走看不到为止，各种各样的方式都有。

以下是在送客时必须注意的细节：

（1）步行时，稍微走在客人的斜后方，但是，遇到必须指示方向或电梯口时，仍以前面讲述过的要领来带客人。

（2）鞠躬送客人，直到电梯门关上或车子出了大门。

（3）注意客人有无遗失物品。

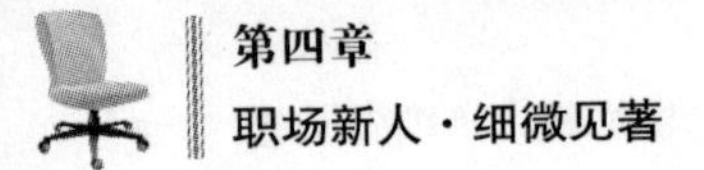

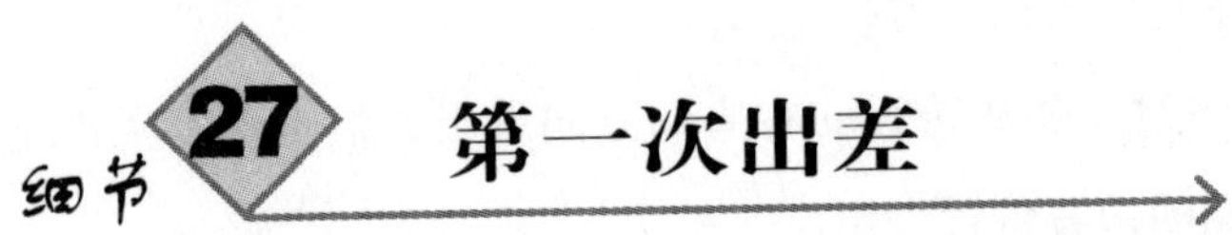

细节27 第一次出差

出差，是职场新人锻炼自己的一个很好的机会。特别是跟上司一起出差，不仅可以学到更多东西，而且还可能得到上司的赏识。

一、出差需注意

一般来说，职场人士出差一般需要注意以下几点事宜。比如：

1. 带齐证件和日用品

出差时，必需证件要随时带。比如：身份证、出入境证等。必要的日常用品也要带齐，如衣物、洗刷用具。虽然说宾馆也会有一些梳洗用的东西，如毛巾、牙刷牙膏、洗发露、沐浴露等，但为了个人卫生安全，还是用自带的好，尤其是毛巾。

2. 做好安全保障

职场新人第一次出差需要做好以下几个方面的安全事项，具体如下表所示。

出差的安全要求

序号	安全类别	具体要求
1	上街安全	（1）请不要在街上接、打电话，需要时请进入路边的超市、商场、商铺等安全的地方

（续表）

序号	安全类别	具体要求
1	上街安全	（2）请不要在非空调车的靠窗位置接打、玩弄手机；出门钱财不显眼，可放在衣内口袋里，并扣好纽扣和拉链 （3）请避免携带手提电脑外出，请勿携带有明显标记的手提电脑包 （4）在街上行走，请选择路基内侧，并请妥善保管好您的手提包，切勿随意地背、跨在肩上；请注意骑摩托车抢劫几乎都发生在马路边上或自行车道中间 （5）任何时候避免坐“摩的”；骑、坐摩托车时，请勿随意将手提包和袋背在背上、跨在肩上，最好是捂在身前或放进车箱里 （6）等公车时，请退到路基内侧掏钱包拿钱买票 （7）上、下公交车时请不要拥挤在人群里，避免偷窃；下公交车或出租车时，请选择人多的地方，尤其是晚上 （8）单人乘坐出租车时（尤其在晚上），请记住车牌号，一旦发现异常，马上打电话联系家人或朋友，并大声地告诉对方你所乘车辆的车牌号和目的地 （9）将物品放在私家车和出租车的后排或尾箱时，请确保车后门、后窗和尾箱已锁好 （10）避免经过偏僻、阴暗的角落或区域，避免晚上单人上街 （11）单身女性夜晚最容易成为被侵害对象，要避免单独与陌生人同乘一部电梯 （12）请注意人与人之间有效的安全距离是保持一臂长（约75厘米）以上；在街上必须随时保持警觉性，观察四周状况，包括身后；任何时候发现有人/车企图接近你，马上远离此人/车 （13）如果不幸真的遭遇抢劫时，请牢记“人身安全最重要”，不要与歹徒反抗，不要死拉住自己的物品不放
2	旅途安全	（1）出行前请摘掉你身上的首饰 （2）避免身上带大量现金，随身携带的现金分几处保存 （3）票据与现金分开保管，现金与贵重物品切勿外露 （4）旅行中，随身行李请勿离开自己的视线，包括行走、乘车、等车、过安检门时 （5）请乘坐车况较好的正规公交车，避免乘坐超载车辆 （6）不要理会陌生人的搭讪，远离那些陌生但却非常热情的人，如主动带路、主动帮忙买/看管东西等

（续表）

序号	安全类别	具体要求
2	旅途安全	（7）单人旅行时，请勿在乘车、等车中途睡觉 （8）避免在火车站和汽车站里随意向人问路，以免落入居心叵测者的圈套 （9）避免在火车站和汽车站里买东西 （10）避免在火车站或汽车站里打公用电话，有时一个电话收你几十元甚至上百元；出行前带好手机并随时充足电 （11）不要接受陌生人赠送的物品，尤其是香烟或饮料和食物，小心迷药 （12）有小孩同行时，请随时确保小孩在你的视线之内，尤其是上下车和游玩时 （13）如果是不认识的人来接你，请务必先核实对方的身份 （14）不要参与路边的围观，避免到人流非常密集的地方 （15）慎防猜铅笔、猜扑克、易拉罐中奖、假币、短信中奖等各种骗局
3	住宿安全	（1）不要通过任何渠道让其他人知道你存放有贵重物品在客房里，即使是你再好的朋友 （2）不要存放大量的现金或金银首饰在客房里 （4）请注意安全使用热水器，使用煤气热水器时务必保障通风 （6）出门前请检查门窗是否全部锁好 （7）请检查你房间的阳台、窗户是否容易让其他人侵入，如翻越、攀爬等 （8）任何未经核实的送货上门/维修人员，先通过可视对讲系统或猫眼观察，再打开门确认，但确保防盗门或安全锁是锁上的；任何时候，不要给上门推销的人员开门 （9）临近春节，是入室盗窃和抢劫案高发时期，注意防范
4	取款安全	（1）请不要用生日号码、手机或电话号码作各种取款卡的密码 （2）避免晚上到ATM机上取款，取款前请确认取款机是否正常 （3）取款时请提醒不自觉的人员退到1米外，输入密码时请用手遮挡 （4）任何理由都不要将自己的取款卡交给陌生人 （5）请事先记好自己发卡银行的业务联系电话

（续表）

序号	安全类别	具体要求
4	取款安全	（6）如果取款卡被吞卡，请即时联系发卡银行确认 （7）如果你丢失了取款卡，请及时向发卡银行挂失 （8）切勿乱扔在银行填写的作废存/取款单据，取钱后先观察一下周围再离开 （9）不要理会任何提示你刷卡消费中奖的短信息；如果你参加了某个抽奖活动，请记下对方公司或商场的联系电话，以直接联系确认 （10）在收到核对信用卡（取款卡）的短信息时，请不要轻易相信，绝对不可以在电话中告诉别人你的密码，否则你卡里的钱会一分不剩

3. 待人接物谨慎

（1）千万别迟到。

搞清楚整个行程是怎么安排的，每个活动提前10～15分钟到场，包括开会、吃饭、出发等。

（2）不要多说话。

各种场合都不要多说，表态的话尤其不能说，你是年轻人，很多事情不知深浅，不要希望出头露面，说错了话收都收不回来，包括开会、吃饭、路上。

（3）不要多喝酒。

除非你酒量很大，否则万一喝醉了发点酒疯就完了。喝酒时对方每个人都敬一杯就可以了，敬对方酒时少倒一些，说明自己不能多喝，请对方也少喝一点，一般别人不会为难你。敬自己上司一定要倒满，切记！如果想要代上司挡酒，除非上司明说，千万别去！别人是敬上司酒，你一个年轻人有什么资格代喝？

（4）多做事、多跑腿。

帮上司拿个行李什么的，有跑腿的事要办时主动一点。

（5）多记笔记。

开会时少说话但要多动手，尤其是上司讲话时要奋笔疾书。

二、让上司认识你

对于职场新人来说，在出差时让上司认识、乃至赏识自己，是一个很好的机会。那么，新人们该怎么做呢？可以从以下几方面做起。

1. 争取上司对你的了解

每个人都不想放过和上司单独聊天的机会，但下面故事中的Candy却主动放弃，而做了另一件事。

一次Candy和上司同坐动车出差，话匣子才打开，同车的老人不小心倒翻茶水将座位弄湿了，路途还遥远，她征求上司同意，将自己的座位让给老人。Candy的真性情让上司在公司精简人力时，特意拉了她一把。

上司对你的了解不仅仅是在沟通中，更多是在行动中，通过自己的观察来了解，因为行动是由心发生的，再美的语言敌不过最善的行动。

2. 让上司了解你有资源

Eva已是集团副总，她说这都是三年前和老板搭长途飞机时，有意无意提及亲友和同学在外交系统的渊源。老板结束行程后，立刻将她调到当红部门。在亲友的资源参谋之下，她工作起来如鱼得水。

企业的运作需要各方面的资源，尤其是人脉资源，所以，如果你有利于企业发展的资源时，可以介绍给公司，但介绍时一定不要显山露水，而是在不经意的交流中说出来。当然你如果没有这些资源，则千万别“东施效颦”，否则只能得来“浮夸”的印象，于职业发展有害无益。

3. 争取信任要含蓄

太急于让上司认识，反而弄巧成拙。

例如向上司介绍自己的业绩时，不要“喧宾夺主”。争取上司信任的最佳方法是：WLL（work，learn，listen）。通常上司们喜欢聊聊自己的丰功伟业，你可以提出自己遇到的瓶颈，向他请教，趁机获得上司的工作建议。有时关键人士点拨一下，胜过十年努力。

4. 切忌锋芒毕露

在细节上也要注意，切忌锋芒毕露。

有位美女出差时带了一只名牌行李拉杆箱，跟上司那只毫不起眼的行李箱两相对照之下，让接机人员误以为拉着名牌行李箱的人才是上司。就这样，她接下来的行程可难受了。

总之，职场新人要想得到上司的赏识，就抓住一起出差的机会把自己对公司有利的方面展现出来，同时切忌锋芒毕露，“超越”上司。

细节 28 第一次应酬

在职场上，应酬是习以为常的事。很多生意单，都是在酒桌上签下的。对于新人来说，第一次应酬也是展现自己接人待物能力的大好机会。

一、新人应酬需谨慎

老板带助手或下属出去应酬，常常只是为了显示"我有个跟班"，如果没有特别交代的话，"不求有功，但求无过"。因此，你若是新人，第一次随老板去应酬，需要注意以下几点：

（1）衣着得体。

无论是正装还是休闲装，都要保持整洁。乱穿衣服是老板的特权，不要随意模仿。

（2）保持自信。

一个自信的员工，精神风貌都很好。带着你到处走的老板，自然也会脸上有光。这就像你小时候大人带你去亲友家串门，见了生人只要大大方方的，爸妈就会觉得有面子。

（3）如果确实需要喝酒，不要扭扭捏捏。

酒桌上被虐得最惨的通常不是酒量最差的人，而是推三阻四的人。你越是不喝，最后下场越惨。如果觉得酒量快到了，就中途溜去卫生间。

（4）有所准备。

提前准备好几个段子，或者和行业有关，或者和社会热点有关，需要时见缝插针，调节气氛。也可以深入研究一下行业内的重大新闻，精确掌握事实和数据，有人聊起时从容不迫地讲出来。大人物往往没有时间掌握细节，有时会很感兴趣，还对你刮目相看。

（5）永远不要抢话，尤其切忌打断老板或客户的话。

宁愿安安静静坐一晚上，也不要瞎出风头。适当的时候需要帮老板捧哏，拍客户的马屁，但都别强求。

饮酒特别是祝酒、敬酒时进行干杯，需要有人率先提议，可以是主人、主宾，也可以是在场的人；提议干杯时，应起身站立，身体微微前倾，右手端起酒杯，或者用右手拿起酒杯后，再以左手托扶杯底，面带微笑，目视其他特别是自己的祝酒对象，嘴里同时说着祝福语。

总之，新人应酬如临深渊、如履薄冰，要特别注意自己的言行举止。

二、职场女性应酬更要有道

公司有应酬，特别是来客大都是男性的时候，上司就时常会想到让公司里的女性拉上去“陪酒”。再能喝酒的女性，一般也是不愿去陪酒的。但如何拒绝，又不至于把上司得罪，这就得用点“妙计”了。具体如下表所示。

不愿去陪酒的“妙计”

序号	妙计	具体说明
1	走为上计	事先对同事说有事，找机会“脚底抹油溜之乎”。并在最可能找你的时候，关掉手机。这样不知者不为怪。上司追问，讲明事因，并说手机没电了，自然可以遮过。这就叫“三十六计走为上”
2	疏不间亲	事先就有通知，你临时有事要走，会让上司觉得你不顾大局，甚至会惹恼上司。这时，你可以先爽快答应。之后，打电话给自己的家人或是玩伴，让他们在酒宴未开始时打一个电话过来，称家里有什

（续表）

序号	妙计	具体说明
2	疏不间亲	么急事，这样当着上司和客人的面，让上司弄清是怎么回事。然后，十万火急地请求离开。这叫“疏不间亲”
3	金蝉脱壳	万一你无法逃脱，那就索性坐下来，装不舒服，但也不显出要走的样子。等开席饮酒时，先喝一大口，然后装着极不舒服大口吐出来。弄脏桌椅，并称近日自己身体极不舒服。上司见桌椅弄脏，自然觉得败兴，但又怪不起你。你这时提出要去看医生或是去休息，上司自然不会再留你。这叫“金蝉脱壳”
4	无中生有	平常准备一份体检证明，管它是谁的，大致改成自己的名字就可。只要是关于这“炎”那“症”的，这“高”那“低”的，郑重其事在上司面前掏出来，说明自己不能沾酒的原因。如果上司说，不一定要喝酒，关键是去凑凑气氛。你就态度坚决一点，并说让身体状况好一点的同事去，上司自然就无话了。这叫“无中生有”
5	声东击西	如果陪酒者中有交心的男同事，可以找一由头，假装话不投机就动起肝火来，说到激动处，起身怒气冲冲地离去。这样，上司见状，也不好怎么说，最多说你脾气不好，也只得由你去了。此为“声东击西”
6	以攻为守	上司第一次喊你去陪酒，你说酒精过敏。他硬要你去，你酒没有喝多少，就装着酒醉倒地，把上司给吓个半死。要么就开始故意借酒装疯、搅局、乱说或是打人，弄得酒席大乱。这样自然就不会有第二次了。此为“以攻为守”
7	假痴不癫	上司喊你去，你说不能喝，吃饭倒是喜欢。去了，反正一根筋，顽固到底，不和任何一个人喝，也不管那些酒桌上的礼仪，装着不懂场面上的事，让上司和客人都觉得无趣，上司看你在酒桌上没有培养前途，自然就不喊你了，于是可以自保。此叫“假痴不癫”
8	先发制人	平常就当着上司的面表示自己最讨厌吃吃喝喝的那一套了，并对其他公司吃喝事表示不屑，这样上司一想到你的态度和样子，道不同不相为谋，就不愿喊你去陪了。这叫“先发制人”

以上“妙计”要因人而异，职场新人慎用之。而且，对待公司的应酬你也不能一概拒绝。否则，升迁机会也被搭进去了。

故事分享

拒绝应酬，升职无望

某广告公司刘总，一直对下属小徐颇有微词。刘总认为，广告公司各方往来在所难免，饭局、牌局、KTV这类助兴节目更是少不了。

不料，每次他宣布晚上陪客户吃饭时，小徐就跟他请假，理由不外乎是回家照顾孩子。即使在饭局上，小徐多半闷声不响，只差拿刀架在她脖子上，她才肯陪客户喝一杯酒。

“你以为这是一次简单的饭局吗？”刘总曾经告诫她，这是工作的一部分，8小时以内是工作，8小时之外更是工作。

“我应聘的是文员，我已经把文员该干的活，都干好了！”小徐认为，应酬不是她的义务，何况类似应酬多得数不胜数，一周都要三四次，她接受不了。

在口舌之争上，小徐暂时占了上风。不过，她很快发现，自己失去了升职加薪机会。

另外一个女同事，工作踏实，对于饭局等应酬抱着积极的态度，不仅熟悉各大消费场所，并且面对往来关系，嘴巴甜、眼皮活，喝酒十分爽快，也能照顾到他人的感受，不仅帮这个上司打开局面，也给自己积累了人脉资源。刘总十分赏识她，提她做了部门经理，不仅待遇提高了，还给她配备了代步工具。

总之，职场应酬是一件无法避免之事。对于女性来说，它是一把双刃剑：弄好了，可助你升职发展；弄不好，便使你失去自我，备受困扰。只能说，具体情况具体应对了。

相关链接

酒桌礼仪

1．席位的排列

一般是以“右”为尊。这里讲的右是由大会门的位置来确定的。这也叫“面门定位”。

2．餐具的使用

（1）筷子：一是不“品尝”筷子；二是不“跨放”筷子；三是不“插放”筷子；四是不“舞动”筷子；五是不“滥用”筷子。

（2）匙：一不用勺子时，应放在自己的食碟上；二用勺子取完食后放回原处；三食物若很烫的话，不要用嘴去吹来吹去。

（3）碗：一碗里有剩余食物不可将其直接到入口中；二不要把碗里食物乱仍。

（4）盘：一不能一次放太多菜肴在里；二不宜入口的食物应放在盘子前端，不能与食物混乱。

3．用餐的表现

用餐的表现有以下两种：

1 餐前的表现

（1）适度修饰
（2）准时到场
（3）各就各位
（4）认真交际
（5）倾听致辞

2 餐时表现

（1）不违食俗
（2）不胡布菜
（3）不争抢菜
（4）不吸香烟
（5）不作修饰
（6）不坏吃相
（7）不乱挑菜
（8）不玩餐具
（9）不清嗓子
（10）不乱走动

第五章

5

职场新人·情绪难关

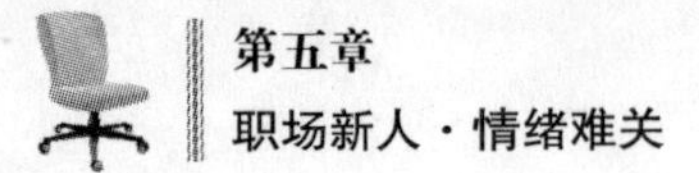

细节29 第一次迷茫

在每一个职场人的整个职场生涯中，都会经历从新人到老人的过程。在这漫长的过程中，职场迷茫无所不在。

一、职场迷茫期盘点

一般来说，职场迷茫期一般分为四个时期，如下表所示。

职场迷茫的四个时期

时期	年龄	迷茫期盘点
第一个时期	14～22岁	疑问：我是谁？我能做什么？原因是缺乏自信和社会经验
第二个时期	22～28岁	疑问：理想与现实不相符，我是否要重新选择 原因：个人的发展目标与单位的现状、提供的机会等不一致
第三个时期	28～35岁	疑问：为什么这么多年我一直无所成就 原因：工作中的挫折及对目前工作的不满
第四个时期	35～45岁	疑问：接下去的岁月我应该做些什么 原因：有了丰富人生阅历的他们，对人生的有限与世事的无常有着较深刻的领悟，所以对将来何去何从难以贸然决定

那么，面对职业“迷茫症”，职场人该怎么做呢？解决办法如下表所示。

职业“迷茫症”的解决办法

时期	解决办法
第一时期	解决问题的关键是要有吃两三年萝卜干饭的决心，抛开急功近利的想法，不要盲目地为追求高薪或其他眼前利益而不停地跳槽，要学会吃苦耐劳，更要戒骄戒躁，并适时盘算自己的未来。比如，明确自己的专业特点及发展方向，寻找新的工作平衡点，学会为自己减压，确定跳槽的标准等
第二时期	尽快找出自己的专业竞争力，行业不同、职业不同，对人才的要求相差极大，要知道适合自己的才是最好的
第三时期	先行挖掘自己的职业气质、职业兴趣、职业能力结构等方面的特点，找出职业潜力在哪个专业领域可以被最大限度地挖掘，然后明确自己适合什么样的专业岗位，找到两者之间的契合点，尽量保持专业经验的可持续发展。处于低端岗位的职业人最关键的是要尽快找到适合自己的职业定位
第四时期	要盘点自己现有的职业含金量，找准可持续发展的职业通道，适时考虑职业发展的变通性。如可转做人力资源顾问，在原有执行经验的基础上再积累一定的研究经验，学习一些最新的人力资源管理知识与技能，向HR总监职位迈进。另外，还应考虑职业经历的连贯性，做适时的职业定位和经历盘点，寻找最适合未来职业可持续发展的空间，保持并提升自己的身价

由此可见，职场迷茫期是有规律可循的。新人要想摆脱迷茫，就不得不摆正心态：赚不到钱，赚知识；赚不到知识，赚经历；赚不到经历，赚阅历。

二、职场新人的职场迷茫

这是我的理想吗？到底什么工作比较适合我？这是职场新人常常叩问自己的典型问题。职场新人的“职业迷茫”一般表现在：工作时间短，很快没了热情；有了好工作，遭遇短板，不知怎么补救；专业不对口，找不到结合点，总是跳来跳去。

也许很多新人会这样做：

（1）抱怨。

除了工作之余的压抑，职场新人做得更多的是好友相聚互相抱怨：抱怨公司待遇不好，抱怨上司太狠而且不够包容，抱怨同事之间关系太难相处，抱怨自己不该当时匆忙与公司签约。

（2）忍耐。

即便处于迷茫期，很多人还是选择艰难的忍耐：得过且过，每天痛苦地面对工作。

而实际上，抱怨与忍耐对于职场新人来说，都不利于长期的职业规划和职场生涯的前行。当然，有些新人也考虑放弃。对此，你不防从下图所示的两个方面做起。

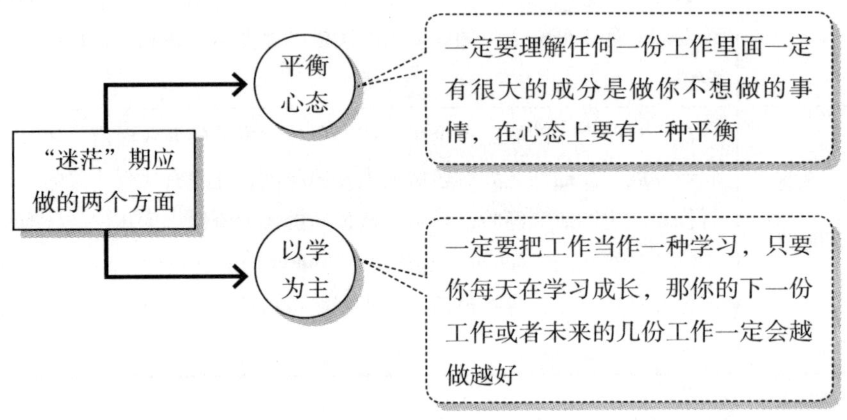

新人面对职场"迷茫"期应做的两个方面

总之，职场迷茫是新人的"影子"，既然无法摆脱，就只能以善待之。初入一行，新人就先别惦记着赚钱，而是让自己值钱。只有先改变自己的态度，才能改变人生的高度。切忌在本该拼搏的年纪，却想得太多、做得太少。

三、掌握职场人情世故，不当"迷茫哥"

职场新人要想避免职场迷茫，就不得不在人情世故方面下工夫，练好基本功。

1．用心做事——傲立职场

用心观察就会发现，在职场中有所成就的人都是“用心”做事的人。我们可以看到他与同事相处、与上司相处的一些技巧。

2．与同事相处——懂得感恩

尽管你们是同事关系，尽管所做的是工作内的业务往来，是“本分”。但是，这并不表示不对为你提供业务便利的人表示感谢。把自己的位置摆低一格，对所有协助你工作顺利完成的人真诚地表示感谢，一方面方便你工作的开展，另一方面你也建立起广泛的人脉，让职场的路走得更顺畅。

3．与上司相处——懂得尊重

任何时候都要表示出对上司的重视和尊重。说白了，对上司来说，面子非常重要。因此，在与上司或商务场合中与上层人士交流，尊重永远是放在第一位的。

4．对所有人——谦虚很重要

无论与什么人在一起，谦虚都将给你带来别样的收获。曾有这样一个事例，Sophie拜访一个新客户，在接待室门口，看到一个匆匆从门口过的水暖工模样的人，他跟经理助理交谈了几句，向Sophie礼貌地微笑、问好，Sophie在没搞清他的身份情况下，也礼貌地问好。经理到来之后，向Sophic介绍，“水暖工”竟然是他们公司的企划经理。Sophie为自己不失礼的举动暗暗庆幸。这个真实的故事告诉我们，永远别看低任何人，谦虚不只会留给别人一个良好的印象，也有可能帮你把握住机会，甚至获取到别人丧失掉的机会。

故事分享

用心换来顺利

Hurry名牌大学毕业，在一家享受高薪的大国企工作，同事们能力过硬、背景很深，Hurry从开始的懵懵懂懂，到现在的工作顺利，全仰仗“用心”二字。

与Hurry有直接业务往来的另一个部门的Peter是个极难搞定的角色。每每有工作对接的时候，Peter的态度都极差，不仅脸色难看、摔摔打打，而且经常鸡蛋里挑骨头，把很简单的工作搞到吵起来才罢休。Hurry有一次跟他合作，他又是一副“爷不高兴，离爷远点儿”的样子，Hurry考虑到尽管是正常工作，但是确实是麻烦了Peter，于是工作结束之后，借口晚上加班，送给了Peter两张当晚的电影票。Peter当时没表示什么，但是以后他们再合作时，明显顺畅多了。

还有一件事让Hurry印象很深。他有一次联系了一笔业务，拿到一大笔款项进账，跟另一个部门的财务上司Isabella说好第二天给她送过去。Isabella在电话里的声音很热情，也表示她第二天有时间，可以帮他办理这个事情。第二天，Hurry往Isabella的办公室跑了好几趟，可是她始终不在办公室，往她的手机打电话，又始终处在关机状态。Hurry苦苦冥想，到底哪个环节出了错儿？后来，Hurry终于和Isabella取得了联系，Isabella很抱歉，说她有事出去了，请Hurry第二天再过去。Hurry很客气地表示没关系，Isabella很忙，他很理解。又过了一天，Hurry出现在Isabella办公室门口的时候，不只带着要交给Isabella的款项，还有一份包装精美的小礼物。

Hurry还表示，除了平时把上司交代的工作尽量做到尽善尽美，他还会把上司每次交代他做的事情做个备案，比如说上司让买机票，他就会把上司的身份证号录入到一个专属的表格里，其他各种证件号他也如法炮制。此外，上司交代下的所有工作，只要需要文字内容，他都会打印两份，一份提交、一份自己备案。“之所以这样做，是为了万一有紧急情况，我可以迅速应变。”Hurry说。

细节30 第一次抱怨

问问身边的老总、管理者或团队的领头人们，看看什么人让他们最头疼。答案不会是能力最次的那个，也不会是个性出挑的那个，而一定是抱怨最多的那个。抱怨会让我们失去工作动力，心态消极，应付工作，结果业绩出不来，更严重的是，它像一团挥之不去的烟雾，弥漫在整个工作场所中，让所有人都牢骚满腹、士气低下。

一、职场抱怨没完没了

数据表明，随着竞争压力的增大，“牢骚族”的数目也变得异常庞大。一项关于职场人抱怨状况的调查显示，近9成职场人每天都会发出抱怨。其中，65.7%的人每天抱怨1~5次，13.8%的人每天抱怨6~10次，4.8%的人每天抱怨20次以上，只有11.2%的人表示自己“从来不抱怨”。

品学兼优的小莉大学毕业后，进了一家国企，但公司效益并不好，始终徘徊在倒闭的边缘。她每天忧心忡忡地抱怨：“为什么我这样的‘天之骄子’一毕业就要面临下岗的危险？”后来，她跳槽到一家刚成立的民营企业，又有了新的牢骚：“工资怎么这么低？”再后来，她又跳槽做了风光无限的外企高管，但依然怨气冲天：“待遇是不错，可压力也大呀！那么多人盯着我的位子，我必须一刻也不能放松，连结婚生孩子的时间都没有！”

可见，职场抱怨总是“有理可循”。那么，人们为什么抱怨呢？

调查显示，74.7%的职场人表示自己抱怨主要是为了发泄内心的苦闷，而希望通过抱怨解决问题的比例为36.2%。而他们的“苦闷”主要包括所得与所付的失衡、自我价值的实现受阻、人际关系的受挫等。

职场专家认为，工作占据了职场人每天大部分的时间，而日常工作中充斥着一个个矛盾，需要职场人凭借自己的能力和努力去解决、协调。

在这个过程中，一旦无法做到内心的平衡，抱怨就会随口而出或者在脑海中闪现，当这种矛盾积累到无法疏解的时候，职场人会发现自己真的成了“祥林嫂”。

而很多牢骚者也主要是发泄不满，并不能指望它真正改变现状。数年如一日地抱怨，却还是忍受着低薪水和毫无升职机会的岗位，还成为了人人避之唯恐不及的“万人嫌”。

二、抱怨的危害

从初入职场的谨慎小心，到成为职场中的中流砥柱，压力越来越大，很多人在压力的加剧下，不自觉地发出抱怨的声音。那么，你知道职场抱怨的危害有多大吗？请看看以下例子：

C君爱抱怨，在公司里众所周知。

“凭什么小张接的都是轻松的活儿，我手上的客户就那么难缠？”“公司的破电脑又死机了，这样的工作环境太令人懊恼了。”“给那么短的时间完成一份客户反馈报告，今晚肯定没得睡。”……暗地里，同事们都将她戏称为“问题女人”，不是因为她爱发问，而是成天问题多多，抱怨不断。

身为上司的大卫都看在眼里，之所以不动声色，是因为C君的工作能力还不赖，从“用生不如用熟”的角度来说，留着她还能出一分力，便乐得将她留在公司“基层”。

三年下来，C君在这间公司从未得到任何提拔，工资水平几乎原封不动，而与她同期进入公司的“缄默者”们，却早已有了不同程度的发展。如此一来，便更是加重了C君的不满情绪，每天唠唠叨叨个不停，令自己的职业生涯陷入一个“抱怨”的“怪圈”当中。

在我们身边，像C君一样的员工并不少见。我们往往批评别人没有在他们的职位上尽心尽力，但是当轮到我们自己的时候，我们便给自己找各式各样的理由。然而，谁又会责怪自己呢？

由此可见，想要升职加薪，就请你停止抱怨。如果你天天在办公室里无穷无尽地抱怨，惹得大家每天工作时都没有太高的积极性，上司对这样的下属自然心存异议，而想加薪自然就难上难了。

职场新人更不能入“抱怨”之流。要想避免做“怨男”或“怨女”，在此编者总结了几条建议，供大家借鉴与参考，如下图所示。

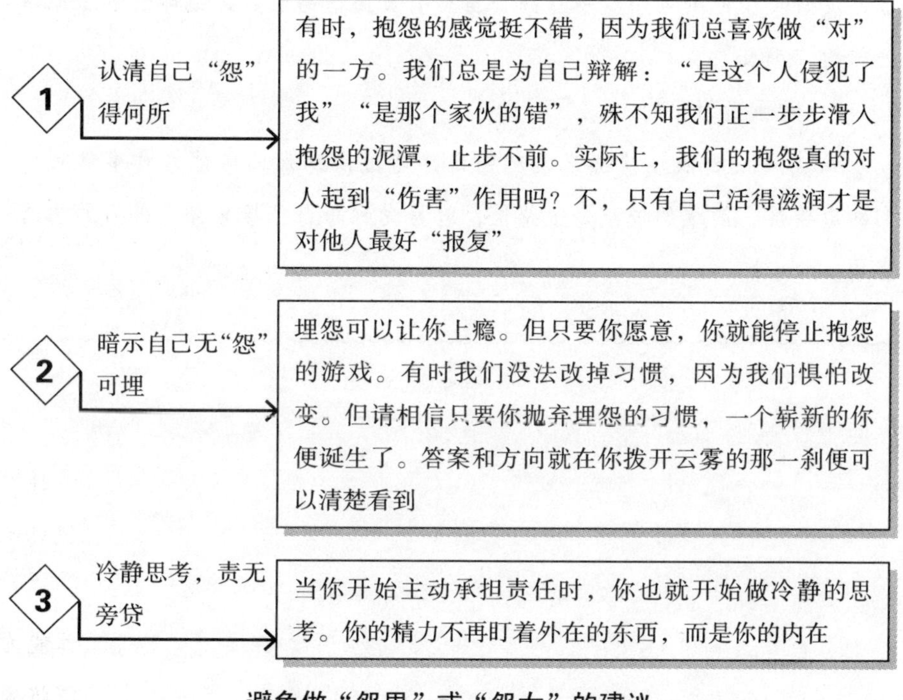

避免做“怨男”或“怨女”的建议

总之，职场新人千万别让自己变成抱怨的“受害者”，而要静心思考，将积极的情绪传递到全身各处。这样，你的人生才会明媚。

相关链接

职场上有三大类人易被“辐射”

1．定位不清、目标不明的人

这类人的自我认知不足，不清楚自己的兴趣爱好、能力特长所在，对目前的工作也无规划可言。办公室里稍有“风吹草动”，自己就把握不了方向。

2．不得志的人

身边总会有一些人对自己期望颇高，但现实是自己能力不足，并不能担以重任。而他自己并没有发现这一点，却“责怪”公司、上司不重用他，没有发现他的才华。一旦办公室里有负面情绪出现，立即会加重他对公司的“怨恨”。

3．过于情绪化的人

这类人主要依赖情感来作出判断，通过情感来评估他人和事件对他们的重要性。简单的说就是很感性，容易受到与自己接触频繁的人的情绪影响。

细节31 第一次愤怒

职场人发飙司空见惯。而如果你在工作中为怒火所控制的话，就可能会伤身、伤心和伤人情。而这些，都是扼杀你职业生涯的潜在大敌。作为新人的你，如何控制自己的情绪，也是一门功课。

现在，我们不妨来盘点下职场人发飙的导火线和大家的困惑。具体如下：

1．不满现状，不喜欢这份工作

没有工作的人为了寻得一份工作忙里忙外，而有工作的却因为厌恶职场、深陷苦海、难以抽身。有人因找不到工作苦恼不已，有人却因为有工作痛苦不堪。若这份工作是你痛苦的根源，辞职走人又有何难？

但是，辞职了，放弃这份工作真的会让你幸福吗？这个问题很值得大家去深思。所以，我们应该把注意力集中在“如何对这份工作产生喜欢的情绪或者是如何坚守自己的工作岗位”上面，而不是把自己的痛苦转移到“因为这份工作是我不喜欢的”这个原因上面。然后，努力消除痛苦，安心工作。

2．和某些人合不来，在原则问题上有冲突

你为什么会生气呢？一定是有这么一个人，他的言行让你忍无可忍，觉得他触犯了你的底线。那么，你有没有想过，这些言行是不是引起了所有人的愤怒呢？不尽然。有人难以接受，有人则毫无感觉。若只是考虑你自己的立场，他的言行的确可憎。比如：

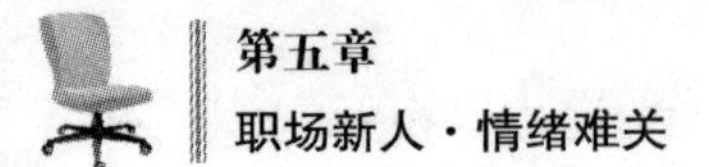

当犹太教徒针对某些问题发表见解时，同为犹太教徒的伙伴们深信不疑，但旁边的基督教徒朋友们听了可能就不太爽快；总统宣布的某些政策，有些地区的人们对此连连摇头，有些地区的人们则拍手称好。

由此可见，并不是某个人的言行引发了你的愤怒，而是相对于你的立场来说让你产生了错觉。也就是说，不是他令你发火了，而是你闻其言观其行后自己生了怒火。而生气是因为你认为“我对他错”，所以生气其实是在你过于执着于自己的见解或价值观时产生的反应。

其实，世间上没有绝对的对与错，你的原则在别人看来也许是不可理喻的。在发火的时候要及时自我反省，避免惯性发火。这也是一种修养。

3. 对上司感到失望的同时又希望得到他的注意

小苏，在一家外企当文员，她对如何与自己的女上司相处感到很苦恼，时常感到暴躁难安。

她说：“公司女上司的情绪一天24变，做事毫无准则，随性而为，从不顾及他人的感受，言辞刻薄。”但是真正让她苦恼的是，“但是似乎更大的问题出在我身上。我一直希望她能认可我的能力，关注到我。我甚至不能忍受她关注其他同事。下班后看不到她，我也会想：是啊，她也不过是没眼力、终日徘徊的普通人罢了，反而是需要我去承认、去爱戴的可怜人啊！这样想着，我似乎能理解她的乖戾暴躁，但是一到公司见了她，我又不由自主地看她的眼色行事，手忙脚乱中屡出失误！然后情绪更加糟糕。”

小苏一边认为上司有问题，一边又看上司的眼色行事想好好表现自己，这样的矛盾使她烦躁不安、怒火莫名。像她这样的问题，相信在很多人的身上都发生过。那么，如何解决呢?

首先，要摘掉有色眼镜。

无论这个人说出让你难以忍受的话，做出让你难以忍受的事，也只是一些言语和行为而已。事实上，你感到苦恼、愤怒，只是因为你正在用自己的价值观衡量着别人的人生是否倾斜而已。这样做的后果，不是别人在折磨你，而是你自己折磨自己。

因此，你要意识到苦恼的、生气的自己也许正在干涉别人的人生。摘掉有色眼镜，让别人还原，也让自己轻松。

其次，摒弃傲慢心理。

认为自己的上司有问题，其实是因为纠结于“我希望”而得出的结论。用自己的想法判断世界，这是一种傲慢心理。

一个人有傲慢心理，那他最终也会走向其反面——卑微。就像痴迷于权力的人和鄙视权力的人，但是在遇到比自己更有权力的人时就会变得卑微一样。因此，职场新人要摒弃傲慢心理。

每个人都是一个独特的存在，应该认真而专注地生活。这种自尊意识会使得你尊重他人、理解并接受他人。

总之，职场确实是怒火的滋生地。作为职场新人的你，不能依着年轻就冲动，要放宽心，理性看待问题，控制好自己的情绪，不到忍无可忍之时，就别轻易发飙。否则，你不仅因此而斯文扫地，而且可能会葬送美好前程。

相关链接

从身心彻底战胜愤怒

情绪上：大哭一场。

酣畅淋漓的哭泣会让愤怒随着泪水消失。

心理上：说出你的愤怒。

也许和一个好友，或者自言自语，说出自己的愤怒。当然到最后，别忘了给自己一点信心：我不会为愤怒所控制。

精神上：冥想可以帮助你。

燃起香精油，将充满怒火的心平复下来，忘记一切不愉快，放下与人战斗的号角，现在你只需要注意自己的呼吸，将绷紧的弦放松一点、再放松一点。几分钟后，你就会足够冷静和客观地分析问题的症结了。

生理上：发泄愤怒。

你可以对着一个枕头猛打，也可以找别的出气筒，比如可以摔碎本想扔掉的废弃物，这会痛快极了。不过，更加积极的方法应该是去运动和健身。在跑步机上跑个半小时，让愤怒随着每一步从身体流走。

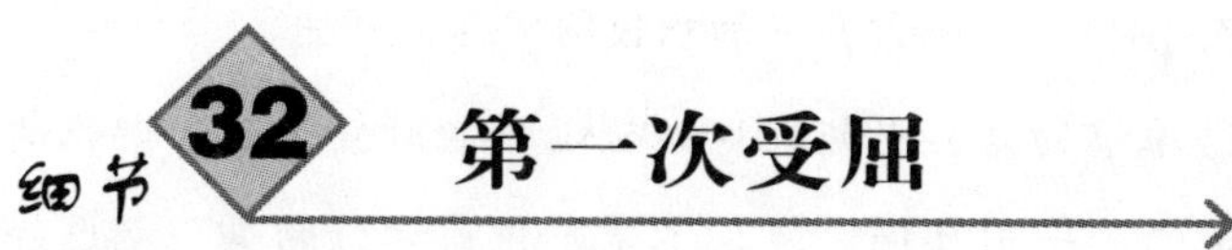

细节32 第一次受屈

职场受屈是新人们的普遍现象，如何应对也是一种学问。

五年前，小琳大学刚毕业，进了一家外企做市场分析师。她说工作的头一个月让她记忆犹新——她计算过，跟老板发生冲突，或者说被老板训了，独自躲到洗手间里去哭的次数是，三次——差不多赶得上一个星期一次了。原因琐琐碎碎各有不同，归结起来就是她觉得自己受了委屈。如今她已经是公司的市场部副经理了，谈起当年情景她笑着自嘲道："那是当时的自己太娇气。其实直到今天这些事情也还在不断地发生着，但是处理方式早已不同。只有先学会受委屈，才能学会在职场生存。"

一、不争辩最好

前不久，还发生一件这样的事。市场部给客户设计一个分析方案，同时有好几家在竞争。一个方案可以有不同的做法，而较常用的做法需要动用很多人力做海量的调查，小琳所在的公司在中国区的员工并不多，所以那不是他们擅长做的。在跟老板讨论的时候，小琳和老板达成了一致意见，决定用他们更熟悉的一套做一些独特运算的分析系统，从另外一个角度剖析。

在和客户的接触中，客户方的主要联系人也表示很喜欢小琳他们提出的方案。到了竞标的那一天，小琳去了，感觉还不错。在客户那里论述完之后，小琳给老板打了个电话汇报，说会开完了，其他几家都用了那种常用方法，而他们没有用。

老板立刻在电话里喊起来："为什么你不用那种方法？我们也可以用啊！"

小琳呆了10秒钟，什么也没有说，接着问了一句："那现在怎么办呢？"老板没说话。小琳接着问："要不等我回来再跟您详细汇报一下，再商量看有什么办法吧？"老板说了句好。

小琳说，最让她觉得难堪的是，老板在电话里吼叫的时候，她和老板的身边都还有很多其他人。她的那一句反问"我们不是事先商量好的吗"都已经在嘴边了，被她生生给咽了下去。

"如果我说出来不用那种常用调研手段是我们俩共同决定的，他一定会丢面子，不管我说的是不是真的。只要我反驳他，他就会丢面子。而其实我也理解他当时的心情，那是一个大项目，是我们争取了很久的一个客户。如果因为这一点而拿不到项目，究竟该追究谁的责任。老板当然会先从他自己的立场考虑。"

而情况已经是这样了，争辩根本就没有意义，小琳知道，如果老板非要说这是小琳一个人的责任，那么她怎么争也没有用。而在受了委屈的时候，是否要争辩，也要看情况，如下图所示。

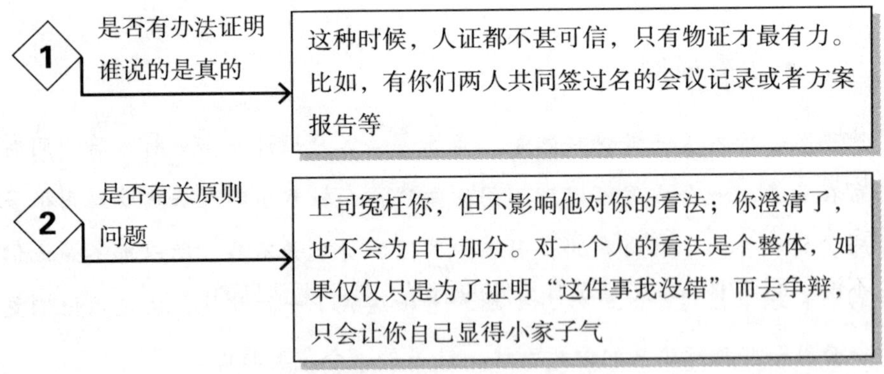

是否要争辩的情况

再者，即便满足了以上这两个条件，要争辩也要寻求适当的时机，找到老板比较容易接受的方式去说，而不是直来直去，搞得好像是要老板向你认错一样。

二、自己真的没责任吗

小萧是一家公司的销售经理助理。有一次，老板交代小萧整理一份客户资料文件，说是跟美国总部开视讯会议要用的，很重要。小萧加班加点做出了一份漂亮的文件，并且亲自交到了老板手里。

“我拿进去给他的时候，他在打电话，我把文件给他看，他点了点头，继续讲电话。我就放下文件，带上门出去了。”小萧对当时的情景还记得很清楚。

谁知道几天后老板突然又找到小萧，语气很重地问她文件怎么还没有弄好？下周就要开会了，他还没有时间看，怎么准备？开会的时候怎么做报告？

小萧一下子就很生气，当然就跟老板争论起来。

“当时我心想：明明是亲手交到他面前的，怎么翻脸就不认人了？”

争论当然不会有结果。因为到底交了没有，谁都没有证据。而随着争论持续下去，老板也显得越来越不高兴。小萧只得闭嘴不再争辩，重新打印一份交了上去。

虽然有委屈，但小萧也承认，这件事情自己不是完全没有责任的。首先，看到老板在打电话，这时候就不应该再进去交报告，不能让他一心二用。其次，这样重要的报告，应当让老板遵循公司惯例，签字接收。最后，交了报告之后，过半大，或者一大时间，就应当打电话跟进一下，一方面看看有没有需要补充改进的地方，另外 方面也是再次提醒老板。

因此，遇到事情，多从自己的身上找找原因，这样的工作心态会更积极。通常说来，当问题发生时，双方多多少少都要承担一些责任——至于要承担多少先不说。而其中一方完全没有责任的情况，是不太常见的。

三、主动解决、积极避免

小琳回到公司之后，跟老板详细谈了会议情况，除了没有使用常规分析法这一点之外，她当时在会议上把自己所做的分析报告阐述得很好，得到了客户的称赞。而且也解释了用他们的方法和用常规方法之间的优劣势比较。拿到合同的把握还是很大的。

老板这时候的语气已经缓和了许多，但还是追加了一句："常规的方法虽然我们做起来难，但是也可以做，为什么报告里不把这一项也包括进去？"

小琳平静地说："是我疏忽了，应该跟您商量一下的。如果需要的话，现在追加也来得及。因为我们的分析法更加特殊，所以给客户做策划和汇报的时候需要花大力气，常规的策划如果需要，我可以在三天内写出报告来给客户，只是后面我们执行起来，可能会难一些。"

老板说："你加吧。"小琳二话不说，三天内交出了报告。

但是很快，客户方面的反馈就来了，他们很欣赏小琳在招标会上提出的与绝大部分人都不一样的分析计划方案，决定跟他们签订合同。

相对来说，小萧遇到的问题就简单很多。之后小萧还遇到过几次类似的情况，例如，提醒老板要跟哪几个重要客户联络，约时间见面，而老板忘了，还怪小萧没提醒他。后来再碰到这种问题的时候，小萧不再想着如何发泄委屈和怒气，而是立刻想着如何尽快解决。

小萧现在交文件给老板的时候，都会同时多交一份电子版到部门的邮箱，务必确认邮件收到。此外，小萧的公司发重要的通知时，同事之间需要签字确认，已经形成了一种习惯。但对老板，过去小萧有时候就不强求。那次之后，她在交打印文件时也尽量请老板填签收单，签字，上面写上当天给她的日期。"宁愿交代的时候啰嗦一点，也不能误事。因为上司实在比较忙，忘了也是正常的。"

主动寻求解决问题的方案，并且积极地避免再次发生，是运用智慧化解冲突的最佳途径。从某种程度上说，这是一种团队精神，这对个人和公司的发展都大有好处。

概括起来，新人受了委屈，有妙招应对。如下表所示。

受了委屈的应对妙招

序号	妙招	具体说明
1	学会装傻	当你去上司的办公室里面，向上司要昨天需要签字的文件时，上司找了找，告诉你：对不起，你没有把文件交给我。一般刚毕业的学生，没有经验，碰到这种事情，会说：我昨天明明就交给你了呀。而有了一定的工作经验的人，面对这样的情况，会很平静地说：我回去找找。然后他们会重新打印一份文件，当你再次走到上司的办公室，他就会很痛快地签字的。因为上司比谁都清楚文件去了哪里。所以工作中有时候就需要自己装傻，可能会有意想不到的结果
2	不去争辩	上司也是人，做的事情，不会都是对的，有些时候，如果上司错了，而我们对了，那么我们也需要用自己聪明的大脑给他找到一个合理的台阶。我们要知道冲突是解决不了任何问题的
3	主动出击	当上司交给你一项工作时，如果自己不懂得如何做，或者没有思路，与其自己苦苦地熬夜查质料，得不到有效方案，还不如主动出击，找上司谈谈这项工作内容，询问上司的见解与看法，使工作得到有效解决
4	有效沟通	无论老板、上级还是同事，都来自于不同的家庭，在不同的家庭教育背景下长大，对待事情的看法和生活态度就自然不同，我们就会和他们存在有或多或少的问题。有些时候可能会觉得自己很委屈，这个时候就需要有效地沟通，知道别人的想法，宽容别人的个性，让自己不再受委屈

总之，新人在职场受了“委屈”，不要觉得命运不公，整日怨天尤人，而要发挥自己的智慧化解这些消极情绪，使自己阳光前行。

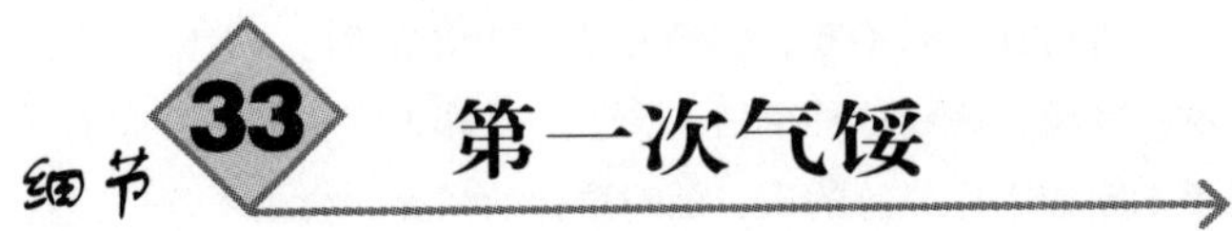

细节33 第一次气馁

在职场中，挫折失败是最平常不过的事。如果你因为一次小小的挫折就气馁自弃，那就很难立身于世。作为职场新人，要有一种“打不死”的小强精神。

一、不气馁，职场作花园

康子现在是一家公司的经理。可是，康子高考时也是勉强才考上专科，毕业时也没有顺利地找到工作，更别说当经理了。那么，他是如何取得现在的辉煌？

其实，康子的成功不是一蹴而就的，而是经过诸多的坚忍与不屈。

他毕业后在一家物业公司找了一份采购员的工作。做采购不仅累，而且没有成就感，整天就是去选东西、搬东西，而且薪水不高，但他从不抱怨，与同事也关系不错。最后因为一次采购时出了错，让公司赔钱了，他便被辞退。

被辞退后，他没有怨天尤人，经过一番应聘后，一家电器公司录用了他。一年后，他却意外地离开了公司，因为他虽然勤奋，却不具备营销的才能，业绩比其他人差一大截。他觉得自己会给公司带来损失，所以主动提出了辞职。

经过一番折腾后，他把工作的方向锁定在装修上，因为他喜欢干这行。他特意到装修公司应聘，由于没有工作经验，很多公司都拒绝了他，但他没有放弃，认为只要自己努力，机会就不会遗弃自己。最后，他终于在一家装修公司找到了一份工作，替人打下手。当很多人都因受不了公司的苛刻和工作的劳累而抱怨或离开时，他坚持下来了，微笑着面对工作中的一切不顺利，认真做好每一件事。一年下来他得到了公司老总的关注。两年后，他升职了。当有人问老总原因时，老总给出的答案是："每次去财务室时，所有人都是愁眉苦脸的，只有康子是微笑着的，他并不觉得工作是痛苦的，相反，他把工作当成了自己的花园，每一刻都抱着欣赏和幸福的态度，所以我选他。"后来，康子晋升为分公司的总经理，事业发展得越来越好。

显然，康子没有什么特别之处，但他能把职场当成自己的花园，失败时不怨天尤人，能以平静的心态重新开始。对每一份工作，他都把它当成自己花园里种的花，精心对待，真诚地去欣赏。这就是他成功的秘诀。

二、职场"蘑菇"不气馁

"面对岁月的侵蚀，你们的烦恼可能会越来越多，考虑的问题也可能会越来越现实，角色的转换可能会让你们感觉到有些措手不及。"这是华南理工大学校长"根叔"经典演讲中的一句。这句话，对于刚毕业的学生来说，是重要的提醒。

7月流火，一批还未断掉学校"脐带"的应届毕业生将要成为职场新鲜人，而他们就像雨后的蘑菇。"蘑菇族"就是他们的代名词。

你如何从"蘑菇堆"中冒出头来，变成迎风微笑的向日葵？"蘑菇"们得各凭本事。

1．静待时机，蘑菇转型

"影后"是否有出头日

刚上班，为了给公司里的同事和上司们留一个好印象，我每天都提前来到办公室打扫卫生，开始同事们看到整洁的办公桌和桌上冒着热气的茶水，会真心地表示感谢，并顺口夸赞我几句。

可渐渐的，我发现这仿佛成了我的固定工作，同事们也慢慢变得习以为常起来。甚至，偶尔还会因为我做得不够好而责怪我。譬如，茶几上的水没擦干净，清洁桌面的时候，不小心把文件挪了地方等等。

上班半年来，我一直在办公室，干着影印和跑腿打杂的工作，每天重复着简单的劳动。我发现自己俨然成了“蘑菇族”里的重要成员，非常郁闷。更可气的是，我还听见有人给我取了个可笑的外号——“影后”，这不就是在讽刺我就是一影印的工人嘛！有时候，我真想大声说一句：不干了。然后甩东西走人！

在职场中，别以为大家都是傻子，你的委屈别人肯定知道，也许就有一双默默关注你的眼睛——你的上级在考验你这朵蘑菇，够不够修养，有没有耐性。以平常心对待一切，不要担心你的努力别人没有看到。

另外，别黑脸，积极活力的职场形象必不可少。最后是最重要的一点，在打杂中察言观色，寻找自己合适的机会和位置，必要的时候，蘑菇需要华丽转型。

2. 蘑菇立场，察言观色

低调行事要取巧

在什么地方最容易滋长蘑菇族？当然是我们这样的机关单位。要知道，这里的人际关系复杂，闲杂人等众多，做事清闲散漫，但头脑必须明晰。若是表现不出色，比如我，就成了那些巧舌如簧同事阴影下的蘑菇一枚。

我是刚进来的新人，工作上的事不多，杂碎事不少。买外卖的是我，做卫生的是我，设计黑板报的是我，我一听到办公室里那句“小邵，你能不能帮我……”头皮就发紧。

但渐渐的，我在买外卖的时候突然发现了众人不同的口味，也突然给了我灵感。上司喜欢川味的菜肴，还没等他开口，我就早早地买来了，送到办公室。他刚开完会，就吃到了可口的饭菜。上周例会，上司说“小邵不错，要好好干，好好培养”，我明显感到了身边嫉妒目光一阵阵，他们也许不知道我这个勤杂工胜在何处，我也暗笑，我这朵蘑菇可能离向日葵不远了吧！

谁说蘑菇没有蘑菇的好处呢？蘑菇的好处就在于，它的立场是低调而华丽的，既不容易被人察觉，又了解到同事之间的很多细节和习惯。只要用心，这些累积的细节都能成为你成功的杠杆。在任何岗位，做事只要用脑用眼用心，你就不会困于现状。

3．厚积薄发，方法到位

蘑菇也要会争取

2008年大专毕业，我进入了一家轻纺企业，职位为营销经理助理。别看名头好听，可其实基本上常驻车间，选布料、剪布料，做的都是最底层的活。

刚开始，我心态还很平和，学历没法跟本科生相比，以前也没这方面的工作经验，所以理应从基层做起，要务实。可工作一年，自己仍然还在车间里打转，这让我开始有些焦急。和我一起进来的同事已经被调走做营销跑单了，我做的还是那一套。

我按捺不住了，找了一个其他部门的元老谈心，在吃饭轻松的氛围里，我听出了他的意思。“如果你不主动要求，积极寻找机会，你以为上司会把馅饼砸到你头上吗？”我恍然顿悟，前段时间端午节，我拿着礼品去拜访上司，也摆出了我这两年做基层的勤恳业绩。上司会意，说：“下个季度的考级考试，你可以试试。”这不就是迈出新级别的开始吗？我内心狂喜。

当一阵“蘑菇”也不坏，对于“蘑菇期”，职场专家认为对于职场新人来说这是一个不可避免的过程。许多年轻人出校园时，由于缺乏工作经验，也缺乏担当重任的能力，因此只有经过一段时间的磨炼，才能慢慢成长起来。但阴暗久了的“蘑菇”也会有脾气，重要的是，怎样去表达这种意愿。用适当的方法，去做应有的努力。

另外，多沟通，多向有经验的老员工讨教，也很必要。一个闷头想的蘑菇，永远想不出向日葵的光芒。

总之，职场如战场，胜败皆可能。胜不骄，败不馁，才是常胜将军。职场新人要在蘑菇群里脱颖而出，就不得不练就一颗不馁之心。

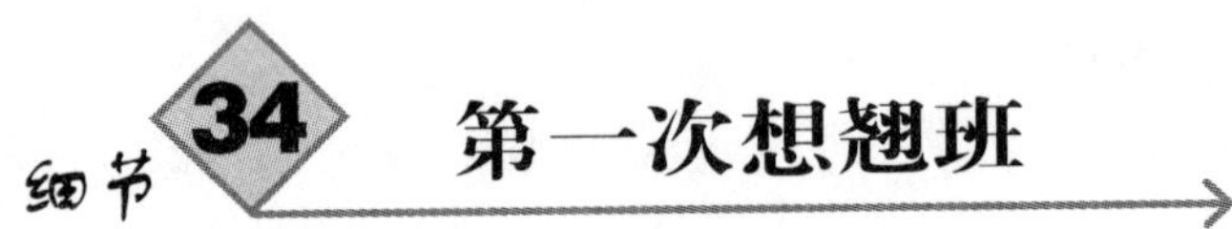

第一次想翘班

对于职场人士来说，不想工作是一种集体的心态。其原因有很多，比如有些人为了提升个人能力而放弃工作，全身心地投入到学习之中；有些人出于对上班无兴趣的状态，在工作环境中感到压抑、缺乏自由的空气，因此一心逃避工作；有部分女性为了更好地照顾家庭，不愿意让工作分散有限的精力而“不想工作”；还有些人自愿放弃了原有的工作，转而投身具有社会责任感的事业，比如环保、志愿者等公益活动等。

以下是几种“不想工作”的表现形式。

一、“不想工作”读书充电：自我拓展和再培训过程中提升自己

Jean是一个工作态度积极的人。短短几年间，她从一个小职员升任为一家外贸公司的业务经理。照理说，白领丽人Jean是一个敬业的“工作狂”，工作对她来说应当是满足感和成就感的源泉。然而一年多前，她却出人意料地从公司辞了职，重返课堂读书去了。

Jean有这个举动并不完全是因为她不想工作，而是在高强度的工作下，她发现不仅自己的知识被一点点掏空，而且工作经验的增加反而抑制了自己对创造性工作的热情。于是，Jean利用一年时间完成了EMBA的课程，将自己几年来的工作进行一次完整的总结，又学习了第二外语——法语。如今，充电之后的Jean兴致勃勃地开始了又一个充满挑战的新工作。

不想工作是为了更好地工作。像Jean这样，在事业的高峰期激流勇退，然

后专心地读书充电，随后重新找到了事业发展的新起点，这着实是一个具有鼓舞作用的事例。的确，在自我拓展和再培训的过程当中提升自己，是现代工作人调整身心、再攀高峰的良性发展方向。

二、“不想工作”就去旅游：收放自如，怪不得小女子乐此不疲

在朋友们的眼中，小雯是一个特别能“折腾”的女孩子。这个生活在重庆的女子总让大家大跌眼镜，实在不能将说话温柔、慢条斯理的小雯，和那个常常跳槽、独自出游的“不安分”形象结合起来。

“工作—旅游—工作—旅游”，四年来小雯就是按照这个时间表来进行的。每当结束了一家公司的工作，小雯便给自己放假，然后出外旅游，短则一两个月，长则达一年。小雯说，这是她梦想中的工作生活方式，对待工作，她既可以在工作时尽情投入，又可以在特别不想工作的时候抽身而出。如此收放自如，怪不得这个小女子乐此不疲了。

“不想工作，就去旅游，旅游之后，再回来工作”，这是一种自主选择的新工作生活方式，成为了多数人的梦想。以往旅游是为了回来后更好地投入工作，如今工作却只是为下一次的旅行积累足够的资本。

也有人辞职后便舒舒服服地享受起了生活。这些人将工作积累下来的钱财用于购物扮靓上，闲暇时约好友吃饭逛街，花大价钱买名牌衣服，一有时间就美容减肥做运动。一段时间下来，虽然荷包大大缩水，但整个人也明显漂亮健康了许多。如此不同的新生活体验，也许只有在辞职后的日子才能体会得到。

三、“不想工作”回家SOHO：再也不用每天赶路上班、打卡下班了

萧文现在是个完完全全的SOHO族。这个打过高级工、也曾经当过老板的人笑称，再也不想回到那个正正规规找个工作、每天赶路上班的生活中去了。他说，那段经常超时工作的日子对于他来说简直像个梦魇。最终，那股不想工

作的强烈愿望演变成了现实。萧文说，本以为辞职过后会陷入一个失重期，没想到在他面前却是一片广阔的天地，让自己可以自由选择工作。

如今，萧文有声有色地经营着自己的网上商铺。在家办公的他，每天都能自由地安排工作、生活以及与家人相处的时间。他说，“不想工作”的心态反而促使他找到了适合自己事业的全新发展方向，让他甘之如饴。

“不想工作”的心态是个孵化器，促使着人们打破常规，在不断的选择中找到适合自己的新工作。像萧先生一样，“不想工作”的心态对他来说只是在找不到合适工作时的一种倦怠心理，但却不意味着从此放弃了事业的理想。辞职之后，面前也许是更加广阔的选择空间，一波三折的工作经历也让人更加懂得享受工作带来的乐趣。

四、“不想工作”，逃避职业倦怠

自从走出校园踏上工作岗位那天起，每个人便进入了无穷无尽的工作状态。一周五天，朝九晚六，机械化的工作就这么一而再、再而三地重复进行下去。日子一长，对工作倦怠的心态便从此而生。

值得注意的是，职业倦怠不是十几年工龄人士的“专利”，在刚刚步入职场的大学生中也出现了类似的症状，因而“跳蚤”一族也越来越多。

小程是去年刚刚从医学院校毕业分配到市区一家综合型医院工作的医生。从去年7月开始正式上班至今才5个多月时间，小程却出现工作没有激情、整日情绪低落的状况。据小程自己分析，他不想工作主要是因为工作太忙，压力大，无法适应工作环境。

原来，小程被分配到医院后，按照常规第一年需要到医院各科室进行轮转。由于刚工作，要学的东西多，而且医生职业有特殊性，他经常是一周下来都没有一天休息，还要上夜班。刚从大学校园出来，从没有经历过重压的他自然有些吃不消，于是便开始厌烦工作，整天琢磨着什么时候可以休息。

其实，职场新人出现职业倦怠现象，虽与工作环境有关，但主要还是因为个人的心理承受能力以及对社会的认知能力不足。早早开始厌倦工作往往是对工作和人生目标没有一个正确定位造成的，于是在遇到困难后，就开始厌倦现有职业，而且希望通过请病假或跳槽等方式逃避工作。

针对像小程这类患有“职场倦怠”通病的职场新人，编者在此开出了五种妙方，供你借鉴与参考，如下图所示。

1 调节好心态，进行客观自我评价，期望值不要过高。学会换个角度，多元思考，适时自我安慰，千万不要过度否定自己，学会欣赏自己，善待自己。培养个人的幽默感

2 注意转移情绪、消除怨气。当受到压力威胁时，不妨与家人或亲友同事一起讨论，不要闷在心中。也可选择休假出门旅游，暂时放松自己，充电，补元气

3 适时进修，充实内在，适应社会环境的新挑战

4 多运动。运动让可以人体内的血清素增加，不仅有助睡眠，也易带动情绪高涨

5 公司可以组织野外拓展训练，创造员工间交流互助的机会，来帮助员工缓解工作压力，并且增进公司人员之间的人际关系，以更好地开展工作

应对“职场倦怠”的妙方

相关链接

职业倦怠自测表

你想要了解自己是否已经患上职业倦怠症吗？根据职业规划专家的设计，我们制定了一套职业倦怠测试题，希望能帮助你了解自己的“倦怠状况”，同时能调整好自己的各方面状态，做好相应的应对之策。

测试规则：选A得5分，选B得3分，选C得1分。把各题得分相加，再根据总分看结果。现在就开始测试吧。

(1)你是否感觉工作负担过重，常常感觉难以承受，或有喘不过气来的感觉?

A. 经常　B. 有时候会　C. 从来不会

(2)你是否感觉缺乏工作自主性，往往上司让你做什么就做什么?

A. 经常　B. 有时候会　C. 从来不会

(3)你是否认为自己待遇微薄，付出没有得到应有的回报?

A. 经常　B. 有时候会　C. 从来不会

(4)你有没有觉得公司待遇不公，常常有受委屈的感觉?

A. 经常　B. 有时候会　C. 从来不会

(5)你是否会觉得工作上常常发生与上司不和的情况?

A. 经常　B. 有时候会　C. 从来不会

(6)你是否觉得自己和同事相处不好，有各种各样的隔阂存在?

A. 经常　B. 有时候会　C. 从来不会

(7)你是否经常在工作时感到困倦疲乏，想睡觉，做什么事都无精打采?

A. 经常　B. 有时候会　C. 从来不会

(8)你是否以前都很上进，而现在却一心想着去休假?

A. 经常　B. 有时候会　C. 从来不会

(9)你是否在工作上碰到一些麻烦事时急躁、易怒，甚至情绪失控?

A. 经常　B. 有时候会　C. 从来不会

(10)你是否就餐时感觉没食欲，嘴巴发苦，对美食也失去兴趣?

A. 经常　B. 有时候会　C. 从来不会

(11)你是否对别人的指责无能为力，无动于衷或者消极抵抗?

A. 经常　B. 有时候会　C. 从来不会

(12)你是否觉得自己的工作不断重复而且单调乏味?

A. 经常　B. 有时候会　C. 从来不会

总分分析：

12~20分：很幸运，你还没有患上职业倦怠症，你的工作状态不错，继续努力哦。

21~40分：你已经开始出现了职业倦怠症的前期症状，要警惕，请尽快调整，你需要为自己的职业状况进行反思和规划，以提升你的职业竞争力。

41~60分：你很危险，你对现在的工作几乎已经失去兴趣和信心，工作状态很不佳，长此以往极不利于个人的职业发展，最好尽快向职业规划方面的专家求助，并尽快调整好自己的心理和生理状态。

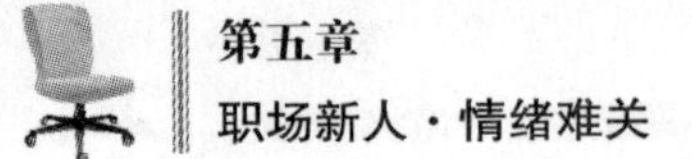

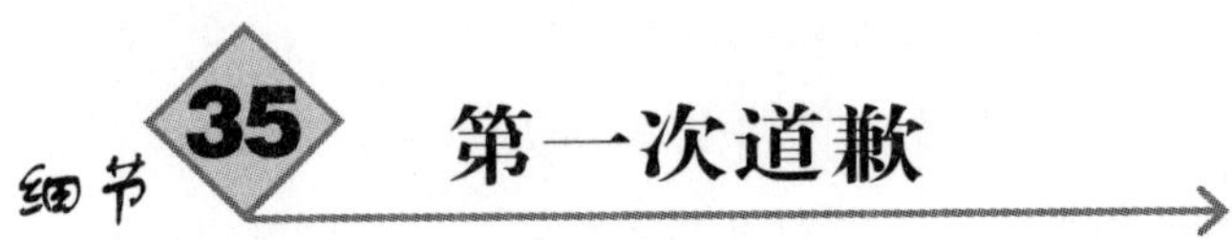

细节35 第一次道歉

绝大多数职场人提倡“对事不对人”，但有时即使察觉到自己的言行可能伤害到了他人，也死扛着不肯道歉，甚至不肯向对方发个示好的信号，或者说根本就不能把握道歉时机，以至积怨颇深。职场新人尤其要注意这点，避免成为众矢之的。

一、职场道歉有何难

矛盾一旦过夜结成了冰，就很难恢复水的常态。那么，如何道歉才能平息事端？道歉的时机如何把握？这都是我们在职场沟通中经常会遭遇的困惑。

道歉无非有三种：立即当面道歉、稍后电话里委婉道歉和通过第三方斡旋式道歉。根据不同的矛盾情况，三种方式都有效果。

一次开部门例会，会上主要讨论下季度的市场项目和预算。一个同事在给大家通报了自己的项目和预算后，忍不住抱怨了公司的网络财务系统，说财务部为了自己工作方便，让软件公司设计了那么复杂的系统，人为地给其他部门增加了工作量。说完他才意识到，那次例会上坐了个财务部的同事，而且那套财务软件系统就是那位同事负责建立起来的。

在大家的目光暗示下，该同事立刻注意到了财务部同事尴尬的表情，立刻当众向财务部同事道歉说：“对不起，刚才那么说是开玩笑的，我实在是被这套系统整晕了，我也知道财务的同事肯定不是故意为难大家的。可能平时大家工作中沟通比较少，如果能问问大家对这套系统的反馈，让软件公司改进一下就好了。”

财务部的同事脸色立刻缓解，马上点头同意：“是啊，各部门的要求也不一样，我们是准备大家用一阵子就搜集反馈让软件公司集中改进呢。”

后来，财务部的同事果然很认真地开始搜集各部门的反馈，最后让软件公司把系统调整到大家都比较认可的状态，不仅解决了矛盾，也促进了工作。

也有些情况不适用于当面道歉，因为现场没有发生正面冲突，却有很别扭的事发生，矛盾虽然尖锐却并不明朗化，事后才意识到，即可在电话里委婉道歉解释去化解。

在跟同事评价公司某些项目的时候，因为没有意识到某些评价会影响到某部门或某人的业绩评价，间接得罪了同事，事后才通过其他人了解到，有些同事因此对自己产生了反感，在背后进行反击。这种情况下假如任由矛盾继续升级，将两个人变成暗敌，私下会浪费许多精力去较量。其实一个简单的动作就可以平息这一切，只要抄起电话，打给那个同事，真诚地道歉并解释自己的真实意思，以防止两人的矛盾在“传闻”中逐步升级。

当然，如果发生了激烈的、正面的冲突，也许对方就此拒绝跟你交流，前面两个方式都行不通了。

例如在一些重要会议上，因为你对某些项目的策划或执行提出了反对意见，或者是比较直白的质疑，使项目负责人感觉下不来台，两人在会议上就事论事地发生较大的分歧，为了赢得争论的胜利，你一激动使用了人身攻击的语言，产生了极坏的影响。这种情况发生必须马上补救。如果对方觉得很受伤，不想接受你的歉意，可以通过第三方斡旋来缓和关系，矛盾一旦过夜冻成了冰，就很难恢复水的常态。不论对方情绪有多激动，求和者需要的是保持平和的心态，不应以暴制暴使矛盾升级。而且，将恩怨在当天解决是最好的结果。

二、道歉不可不知的礼仪

道歉也是一种职场礼仪。不小心做错了事情或者说错了话，为了消除芥蒂，我们需要向上司或者同事道歉，重新赢得上司或同事对自己的信任和好感。当然，这有一定的原则，具体如下图所示。

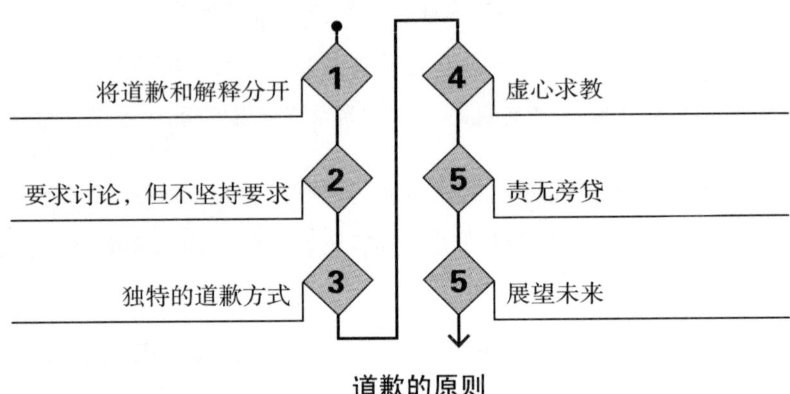

道歉的原则

1．将道歉和解释分开

你希望其他人了解你的意图，事情发生的环境，而且最重要的是，这并非全是你的错。然而，他或她无法同时将此看作是道歉。他们会听到解释（请查看：“借口和指责”），而不是道歉。你需要的是道歉，而且不做任何解释或找任何借口，直到道歉被对方接受。

2．要求讨论，但不坚持要求

“如果你想要讨论这个问题的情况，以便我们能在以后努力避免问题，我非常乐意，但这不是必需的。我想向前发展”。这一邀请将球打回到了对方场地，使得讨论是被邀请的，而不是被迫的。如果他们不想讨论，就不要强迫对方。

3．独特的道歉方式

如果可以，你想将道歉的联系方法推动到其最高等级面对面最好，其次是Go To Meeting或Skype，然后是写信，最后是发电子邮件。关键是专业道歉仍然是私下的。

4. 虚心求教

准备一些选项，但不首先提供它们。相反，询问并考虑他们建议的做法。如果需要道歉的问题也需要一些解决方案，询问其他人认为会“将之纠正”的做法。

5. 责无旁贷

当你犯了错或者冒犯了别人的时候，有一种倾向是将责任五五开。你必须自己承担整个责任，而不是企求他们来分担。这通常意味着在你的道歉中，要将整个问题承担下来。

6. 展望未来

和对方就此问题达成一致，然后立即进入下一个步骤。时间可能带来和解，但行动会加速这一过程。

如果你道过了歉，而且对方也接受了你的道歉，那么你需要继续前进。如果对方选择再次提出这个问题，只是说，“当我道歉而且你接受了道歉的时候，我认为这件事情就过去了。”

总之，对于职场新人来说，说错话做错事在所难免，道歉更是不可或缺。当然，技巧和礼仪能助你成功“道歉”，切不可忽视之。

第六章

6

职场新人·谨言慎行

细节36 第一次领工资

对于刚踏入职场的新人来说，第一份工资就意味着他不再“受”，而是开始“自给自足”或者“予”，意义非凡。因此，第一次工资也许不多，但有重量，且需要用得其所，新人还可以由此而开始理财之程。

一、第一份工资怎么花

工资不完全代表你的能力，职场新人不用介意第一份工资低。而关于怎么花这第一份血汗钱，菜鸟们也是各抒己见。

网友绿灯：给爷爷买麦当劳吃

我从小和爷爷长大的，今年毕业参加工作了，把爷爷接来和我一起生活，在这两个月中，他第一次坐了飞机，第一次住了宾馆，第一次吃了麦当劳…….

网友zhangdp：给自己买张床

我第一个月工资发了后，跑到金海马买了一张床。因为之前都是睡草席。

网友snowce：给妈妈买羊毛衫

我第一个月工资发了，给我妈买了件羊毛衫，特别高兴，用了三分之一，因为工资才几百块。

网友三只小猪：给外公外婆买礼物

偶拿了工资就给外婆买首饰，给外公买衣服！可是偶还没工资拿……

网友pingst：收藏起来

第一次工资才1000多，舍不得都花掉，选了一张最笔挺的大钞夹在书里收藏起来，现在还在呢。

网易黑龙江网友：买个网球拍

第一次工资有1000多，算不错了，给自己买了一个网球拍犒劳自己，贵！有点心疼。不过平时喜好去打几下，都是借的别人的拍子，说啥也不再借了。

网友火星战士：带女友吃大餐

毕业之后一直没工作，最近才有一份工作，拿到钱的时候我带女友去吃了她最喜欢的辣子鸡，真的好高兴。女友很懂事，之前去吃饭她总是说减肥不吃肉。

由此可见，大家的第一份工资都各有所用。大多人用孝敬长辈，这是很好的行为，值得嘉奖。有的也用于储蓄或做了有意义的事。

二、从第一份工资开始理财

8月，是许多刚从学校毕业的职场新人迎来第一笔工资的时候。经常有人感叹：不论挣多少钱，总是不够花，总是不能满足。可当我们手捧微薄的第一份工资时的心情，为何却那样欣喜、那样雀跃。你当年拿第一份工资时是什么心情？第一份工资拿来做什么了？

也许有的人打算拿它来宴请亲朋好友，作为个人“经济独立”的一个纪念；有的人将如数上交给父母，作为一份心意；有的人可能计划给自己或者家人购买礼物；还有的人，或许工资还没过自己的手，就被银行作为信用卡还款直接从账上扣走了。

网络上对“第一份工资”普遍的说法是：

（1）关于第一份工资是怎么来的：60、70后记忆犹新，80、90后讳莫如深。

（2）关于第一份工资是怎么没的：60、70后大都孝敬父母老人，80、90后大都满足了自己。

一位网友这样安排他的第一份工资：

再过半个月，也就能真正意义的拿到自己的第一份工资了。怎么花？给父母，他们肯定是不会要的，用老爸的话说对我实施10年独立核算；请客吃饭没机会：一帮好兄弟都天南海北了；送女友礼物，好像基础条件不具备；疯狂购物，不大符合我的消费习惯；存银行吧，不划算。咋整，优先用于给自己进行基础性投资——买书，参加技能培训。

显然，这位网友对他的第一份工资安排得挺合理。因此可见，职场新人要学会消费，学会理财，培养投资观。

（1）正确消费。

花钱不记账可能不行了，要记录主要的消费支出和收入。记账就是可以跟踪和改善某些资金的使用方式，进而提高对财富的管理能力。正确地把握好刚性消费和弹性消费的关系，好钢要用在刀刃上，大学里的“月光族”可能要接受苛刻的考验了。

（2）合理储蓄。

角色转变了，不跟家里人要钱是不够的，没有一定的积蓄难以应付突发情况。突发意外来临时没有资金、实力解决问题，可能最后还是需要向家里要钱，最终还是不能经济独立。控制自己消费的同时，可制订储蓄计划或适当购买商业保险，用以保障意外情况下生活依然能够稳定持续。

（3）理性投资。

最重要的是光知道存钱并不划算，小资源也要讲究优化配置！财富的第一步一定是积累，对于年轻人来说养成量入为出的用钱习惯，强制自己储蓄很有必要，但光知道存钱储蓄并不划算。养成良好的理财观，还要有合理科学的投资观。投资并不需要多大的启动资金，但一定要有好的理财心态和投资意识。具体可以参考下图。

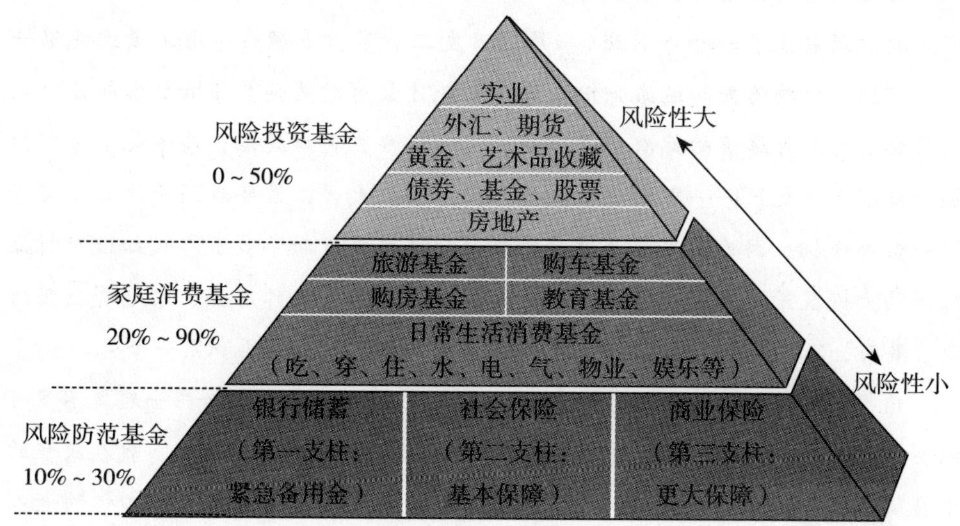

家庭理财金字塔

总的来说，学会如何控制个人的收支平衡与进行合理的投资，了解并学习理财的相关知识，对刚步入职场的新人们来说显得十分重要。理财应从第一笔收入、第一份薪水开始。

故事分享

第一个月工资回报父母

我出生在一个小村庄。在这个小村里，我的父母与所有村民一样，都是日出而作、日落而息天天守着几亩薄田。此外，别无其他经济来源。父母完全凭着自己固有的坚强和吃苦耐劳的"老黄牛"精神，把毕生心血耗费在我们几个儿女身上。父母认定：即便砸锅卖铁，也要供儿女念书。他们的艰难可想而知。

2013年6月我大学毕业，奔波于人才市场，每次到人才市场看到熙熙攘攘的人群，真是感觉寒气逼人啊！心里想自己也没有工作经验，先找个单位落落脚吧。那时听到最多的就是"先就业，后择业"，能就业就不错了，哪里有选择的余地呀！6月底我找到了一家广告公司，试用期月薪1600元，还不解决吃饭和住宿问题。想想我的那些同学们大部分工作还没着落，我已经是够幸运的了。

当地的房租不贵，500元就可以租一个大房间。我每天冒着炎炎烈日去上班，战战兢兢上了一个多月班，8月15日发工资了，手握第一份工资，我第一次为“钱”费神不安。这第一份工资怎么花才最有意义呢？年龄越大越怕冷，父母都需要一件厚实的棉衣；60多岁的父亲还要去村口提水，能不能在家门口掘一口深水井呢？……思来想去，要办的事实在太多，最终我还是决定给父母换一台电视机。因为家里那台过时的黑白电视机报废两年多了，我知道农村最难耐的大概就是寂寞了。可是那1600元还要拿出一些来作房租、水电费、交通费、餐费，可能只剩下800元了。买电视机是不够的，只好再积累一个月。

值得庆幸的是，第二个月加了200元工资，两个月的工资加在一起差不多可以买台彩电了。很快国庆节到了，放假7天，我正好回家。归途中，我在故乡的小县城里买了一台彩色电视机。“荣归”的消息在村里迅速传开，四邻的老人们都到家里来看我，他们都不无羡慕地夸赞父母有远见，送儿子念了大学，说父母有福气，一辈子辛苦也值得。在热闹欢快的氛围中，父母那写满沧桑的脸上挂着幸福的笑容。

一个星期后，我就要返回公司了。年迈的父母成了我心中最为不舍的牵挂！我反复叮嘱父母：田间地里繁重的体力活不要再拼命地去干，生活不要太清苦，我会逐月寄回生活费……在我说这些话的时候，母亲只像每次我离家返校时一样，仔细为我整理行装，不放心地一次次检查是否少了牙刷或毛巾。

回到那间出租屋里，打开母亲整理的包裹，我才知道，原来自以为已经长大的我其实永远都只是父母眼里长不大的小孩。包里依然与往常一样放着我最爱吃的板栗和花生以及叠得平平整整的衣服。最底层放着一个小纸包，打开一看，里面竟是一沓一元、两元、伍元的纸币，这是父母风里来雨里去积攒的一点血汗钱啊！包钱的纸上有父亲的手迹：“……你的工资都买了电视机，这些钱你拿着用。你的身体较差，要注意营养，加强运动。我和你母亲身体还硬朗，生活能够自理，不必过于挂念。只希望你认真工作，听上司的话……”读着父亲的信，我再一次深刻地体会到，父母的爱是绝对的付出和不求回报，也是我们难以回报的。我唯一能做的就是孜孜不倦地进取，堂堂正正地做人，并以此证明我是父母的骄傲，是父母的生命在这个世界的延续。

这是我的亲身经历，现在回想起来，得感谢我的父母让我学到了坚强和吃苦耐劳的“老黄牛”精神，让我在拿到第一份工资时去思考如何才有意义。作为当今的职场新人，不妨可以把我的故事作为参考，也许对你的第一份工资如何花得有意义有所帮助。

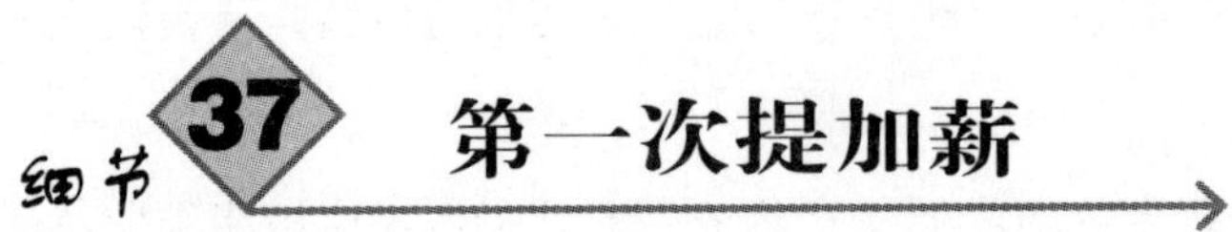

细节37 第一次提加薪

薪酬虽然不完全代表一个人的能力，但它却在一定程度上象征着你在当下工作阶段的价值。如果你的表现优异，价值大大提高，就可能得到升职加薪的待遇。当然，大多时候还需要自己去争取。所以，提加薪，也是职场新人需要学习的一个学问。

一、找工作，提加薪

一般来说，求职者找工作时，尤其是刚欲走上职场旅途的“新人”，什么事都没干，先在那里讲“自己的价值”，讲“根据市场行情自己应该拿多少钱”等等，这很可能会引起用人单位的反感：一个眼睛只盯着钱的人是不讨人喜欢的。

但也有人说：“我听了你的意见了，面试时不谈工资。可是有的招聘人员在面试时非要我说，那如何是好呢？”

为了预防某个招聘人员逼着你说出你对工资的心理价位时，一般来说，你可以先做两件事。

第一，从报刊媒体发布的各种职位工资收入市场调查中去了解一下情况，作为参考。

第二，可以事先找师兄师姐打听一下，他们刚入职时每个月可以拿到多少钱（别忘了问一下税后还是税前）。

当然，你还可做一件事，那就是在面试前，先计算一下，如果公司愿意要你，你需要从这份工作里挣多少钱才能维持你的生活。

有时候也会出现这种所谓的“求职者的噩梦”：这份工作你真的很喜欢，但是，他们给出的工资数额远远低于你的最低预期，接受这个工资你将挨饿，那怎么办？假如说，你明明一个月至少要2000元才能维持生活，可他们最多付你1800元。

因此，你必须预先算出你的最低薪水数来，而这个数额应该能维持你的基本生活。

如何来算这个数目？实事求是很重要。因为每个人每个阶段对这个数目的计算是不一样的。人生也会有个初级阶段和中高级阶段。而在初级阶段，当你只能考虑保证一日三餐的质量时，千万不要奢望天天享受西式早餐。那可以是你的目标也可以是你的未来，但现在也许还不到时候。

以一个新人来说，其生活成本最起码应该包括：住房（房租或是按揭）、水电煤费、一日三餐伙食费、医疗费用、交通费用和娱乐费用等等。把这些费用一一列出应该就是你的最低收入额。凡事都有个底限，如果超出这个底限，这份工作前景即使再好，恐怕对你也是不合适的。

二、工作之后提加薪

职场新人工作一段时间后，往往希望自己的薪资得到提高。但同时职场新人一定要明白，加薪并非一蹴而就之事。因此，你第一次提加薪要慎重以对。最好遵循几个原则，如下图所示。

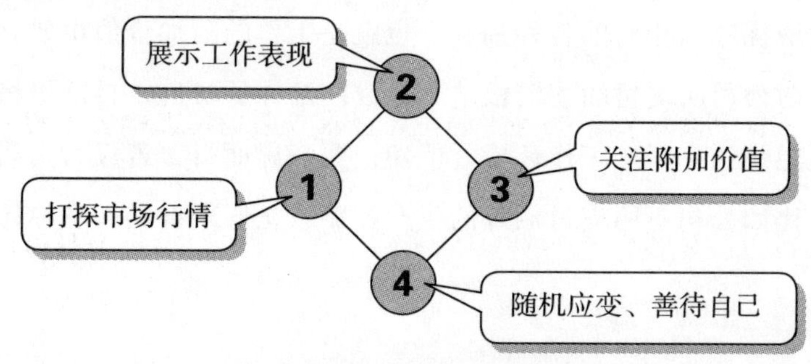

新人提加薪应遵循的原则

1. 打探市场行情

想要求加薪，首先要证明自己的薪水确实比别人低的事实。要想不动声色地探知同行间的薪水状况，可以试试以下方式：

到职业介绍所或人力资源网站等相关的机构拜访和咨询，可以获悉各行业基本的薪资范围以及自己是否能当面议价。

浏览了各行各业的招聘启事后，你可以进一步寻求相关领域前辈的意见。这时记得先自我介绍，表明自己在这个行业的资历及负责范围，最好能真实明确地说出目前所遭遇的状况，让对方深入了解，这样有助于获得如何加薪的最佳建议。

浏览了在网络、招聘广告以及获得前辈的指导后，你不妨投寄履历、应聘薪金、感兴趣的工作，试试看是否有进一步面试的机会。毕竟，用人单位根据具体情况所做的评估，才是最实际且最有用的回报。

2. 展示工作表现

薪资所得其实并不能代表什么，顶多只是说明你目前的职位在单位的重要性如何。所以，你的工作表现绝对关系着薪水的高低。倘若你的成绩优异，工作也极富挑战性、专业性和独特性，顶头上司也视你为手下爱将，种种事实证明你是位难得的优秀员工，自然而然，薪水势必也会有明显且令人满意的提升。

3. 关注附加价值

除了薪资优厚，相对的各种福利，也就是工作的附加价值也要有保障。或许你认为目前公司所支付的薪资根本不足以匹配你的身价，自己也另有打算，蠢蠢欲动地想跳到高薪的工作环境，但切记要三思而行，若仅有高薪而缺少应有的福利，比如公司不愿支付额外的生产补贴或是假期补助，劝你还是打消此念头。

4. 随机应变、善待自己

若你觉得目前的薪水不值得你再等待下去，不妨蓄势待发、另寻发展。

“想以工作能力来达到加薪目的，表现自己专业能力是惟一心想事成的途径。”24岁，任职公关专员的欣惠陈述着亲身体验。“从整个大环境来评估，去年我每个月的平均所得其实差强人意。但我觉得自己绝对物超所值，应该有更高的薪金，于是我列出去年所经手的计划及执行成果，向公司证明自己的工作表现。”欣惠向上司列举为公司所赚取的各项利润，以及旗下客户愿意继续合作的稳定度分析。她以铁一般的事实向公司争取加薪百分之十，欣惠开心地说：“出乎意料地，公司居然足足加了我百分之十五的薪水！”

欣惠还说：“向老板争取加薪，惟一的方法就是事前不停地自我练习，任何人、甚至是你的爱犬，都可以是练习的对象。谈判前做好准备，至少走进上司办公室时，不致于惊慌失措，也可以不急不慌的将意图表达出来。”

你可以开门见山地表达想要加薪的理由，尽量列举工作表现的事实，有礼貌地一一陈述，切勿冲动。比如：在人才市场里，和我相同职位的待遇平均每月3500元，而过去半年来，我也尽全力完成公司所交代的任务，借这个机会，希望公司可以重新评估我目前所得的3000元薪水。

当然，天下没有白吃的午餐，若老板不答应你的加薪请求，先别垂头丧气、急着想调头就走，不妨当场讨教上司“到底怎样才能达到加薪的要求？”，若老板真凭实据地列举你有待改进的部分，记得谨记在心，及时改进以作为下次谈判的筹码。不然，若老板只是打哈哈随便应付，或许你可以使出“离职”这个杀手锏来加以试探。不过，提出离职只是一种试探，除非你早已留有后路。否则，一旦评估所有所闪失，或许老板也会将错就错地批准你的要求。那时，可谓是“赔了夫人又折兵”。

总之，提加薪是一件非常不好办的事。一不留神，就可能让自己陷于尴尬境地。因此，职场新人要特别慎重地对待这件事。

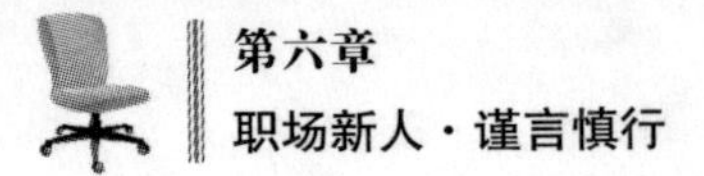

相关链接

升迁十秘籍

1．卡纸的打印机、罢工的电脑……每个公司里都有些人能迅速地把它们修好。发现这些人，并和他们保持良好的交往。

2．每认识一个新的客户，都给他们写一封E-mail，这样能更好地认识并了解他们。客户的赞美是很重要的，也许客户的一封感谢信就可以让你升职。

3．避免让上司难堪。经常性让顶头上司难堪，你还指望有升迁机会时他能拉你一把吗？

4．尽量不要使用模糊词，例如“也许”。用词清晰准确才能使你的对话获得成功。要掌握准确的信息，而不是也许、可能的信息。

5．永远不要一个人吃午餐，尝试一下午餐社交，良好的人际关系是升迁的基础。首先你自己要行，然后有人说你行，最关键的是说你行的人要行。千万记住不要站错队！

6．和不对盘的同事相处也不要犯冲，跟他们说话的时候尽量符合他们的习惯吧。多个朋友多条路，如果树敌太多，即使你能力很强，可能升迁也无门。

7．如果你的桌子上总是一团混乱，请去看看大老板的桌子——他们的桌子上永远都是干净整洁的，东西也非常少。如果自己的办公桌都管不好，怎么管其他人呢？

8．对下级也要友好，谁知道新来的实习生是不是老板的亲戚。

9．不要和上司发生办公室暧昧。上司为了显示自己的职场专业，一般不会升职暧昧对象的。因为上司怕老板将自己扫地出门，所以丢卒保车。

10．喜欢八卦同事们的隐私不算很糟，糟糕的是热爱在茶水间、洗手间等地传播，并很不幸地超过3次被上司撞见。升职的秘籍是“闭嘴”。

第一次想跳槽

夏季是跳槽旺季，在跳槽大军中，跨行跳槽则显得尤为抢眼。目前的跨行跳槽主要分为两种，第一种是应届生毕业后，觉得本专业工作并不如想象中的那样美好，而被迫进行的“失落跳槽”。第二种则是在职的上班族希望能依靠跨行跳改变现状，来个华丽的“大转身”。

一、好心态，攻克“跳槽”两道关

明确了自己未来的职业方向，跨行跳槽的动机更多的则是为了更好的职位以及更高的薪水。对于职场新人而言，如何克服一个陌生行业的面试以及如何尽快地适应入职后的工作这两道难关才是关键，具体如下图所示。

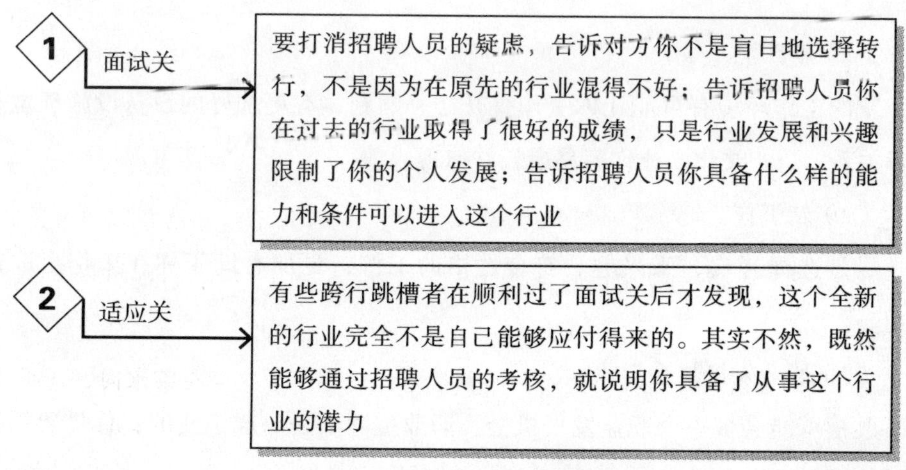

攻克“跳槽”的两道难关

转行意味着放弃过去的成就，把希望寄托在未来。所以新人们需要一定的勇气和信心，还要做好失败和挫折的心理准备。你可能需要一段时间才能熟悉新行业的游戏规则，慢慢积累起职业资本。因此，虚心受教，给自己设定短期目标，发展新的人脉圈，才是制胜的秘诀。

二、关于跳槽

身在职场，欢乐与无奈并存，每个人都有可能面临跳槽，有的人越跳越好，有的人却是越跳越差。因此，对于跳槽一定要注意把握。

1. 跳槽之利

跳槽的好处，具体如下图所示。

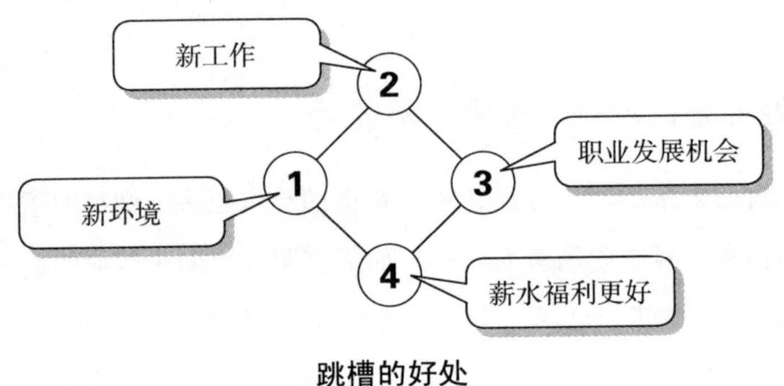

跳槽的好处

（1）新环境。

新的工作环境有可能让你工作得开心、顺利，有更加好的设备设施环境和人际关系、企业文化，让你容易成长并取得成绩。

（2）新工作。

尽量选择喜欢、感兴趣、符合性格的工作，更加有助于你在工作上取得成功。

（3）职业发展机会。

跳槽可能会多一个职业发展机会。职业生涯不是一成不变的，你需要根据实际情况及时作出调整。

（4）薪水福利更好。

跳槽之后一般都会获得更好的薪水福利，因为如果不如原来公司，大多数人是不会随便跳的。

2. 跳槽之弊

跳槽的弊端，具体如下表所示。

跳槽的弊端

序号	类别	具体内容	备注
1	需要适应新环境	熟悉周围的工作环境，如重新建立人际关系、熟悉工作流程或规章制度、融合企业文化等	需要以良好的心态去适应
2	消除排外或抵触情绪	如果是管理岗位，消除排外或抵触情绪，职位越高，情绪越强烈	需要特别小心处理
3	深浅未知	一切都是新的，新企业、新岗位、新上司和下属	处理不好无法控制的未知数，会成为不利的变数
4	重新建立各种信任关系	建立与上司、下属、同事间的信任，是一个漫长的过程	信任度会直接影响工作开展与取得业绩
5	引起招聘企业不安	一般企业都不喜欢经常跳槽的员工，给人的印象是不安分、不稳定，影响工作的持续性	跳槽频繁会直接导致不录用

一般来说，跳槽的弊端比好处多，跳槽之前，一定要仔细斟酌！

相关链接

三种人最好不要跳槽

1. 压力大

仅仅是由于压力大而想跳槽是不可取的。

小林学的是新闻学，毕业后在一家行业性报纸当记者，专业对口，自己也喜欢，并且待遇在同班同学中是比较好的。但是，由于报社的人手较少，每个人的任务都多，晚上经常需要加班写稿子。对于刚毕业不久的小林，着实感到压力很大。

其实小林应当冷静思考压力的真正起因，是因为能力不够还是消极心理造成的。如果是能力，就要针对性地补充缺乏的常识技巧，加强职场竞争力；如果是心理问题，就应进一步明确自己职业发展的目标，努力克服消极情绪，变压力为动力，以更大的热情投入到工作中去。至于要不要跳槽，其实小林目前最需要的是积累职业含金量，跳槽即是放弃机会，并且会增长危机，跳槽还为时过早。

2. 所在行业暂时不看好

如果所在的行业受到外界影响，暂时发展不是很好，就不要跳槽。因为当外部环境改变之后，行业会有大的发展，切不可因为一时之利而放弃好的工作。

3. 职位暂时得不到提升

如果仅仅是因为职位在短时间内得不到提升，那就最好不要跳槽。只要你在现任职位中可以积累你下一个工作所需的知识、经验和能力，那就可以暂时“委屈”。当羽翼丰满之时，再跳槽相信会飞得更高，否则只会摔得遍体鳞伤。

3. 跳槽之时机

你需要考虑跳槽的时机，具体如下图所示。

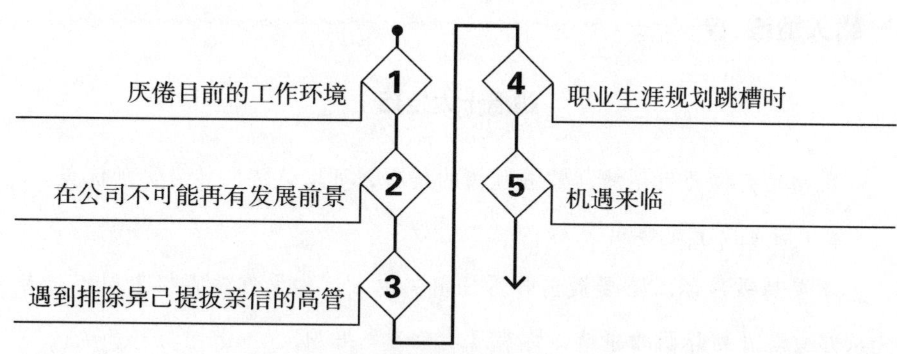

跳槽的时机

（1）厌倦目前的工作环境。

厌倦目前工作环境，无论是硬环境还是软环境。当在一个公司工作时间足够长，对公司的一切环境感到不满意但是又无法改变时，可以考虑跳槽。

（2）在公司不可能再有发展前景。

当你在公司内不可能再有发展前景时，即看得见有更高的发展，但永远也升不上去。

（3）遇到排除异己提拔亲信的高管。

遇到一上任就排除异己来提拔自己的亲信，对你不重视的高管，可以考虑另谋发展。

（4）职业生涯规划跳槽时。

如果对自己的职业生涯有良好的规划设计，当符合自己规定的跳槽机会出现时，可以考虑实现自己的目标。

（5）机遇来临。

机遇不能去追求，靠等也不一定就会来，必须做好充分准备后，才会有这样的机遇。当然，机遇是否属于此类，只有你自己心中最清楚。

以上都是比较好的跳槽时机（最好能符合自己的职业生涯规划），除此之外，如果没有特殊原因，最好不要跳槽。

相关链接

跳槽十大技巧

跳槽是有技巧可循的，掌握跳槽的技巧，可以让你的转身更加优美。

1．向直接上司辞职

不要越级辞职，不要提前告诉任何其他人。如果你的直接上司不是首先从你嘴里听到辞职的事情，你有可能会遇到麻烦。

2．辞职报告要面对面提交

专业的辞职方式是单独面对面地提交辞职报告，找老板有空的时候。因为不仅是对老板的尊重，也可以了解老板的反应。最好不要用电话或电子邮件发辞职报告。

3．阐述理由要简单

离职态度要表现出坚决，但没有必要详述离职的理由。职业发展是最好的理由，家庭原因也很适用。

4．不要抱怨

当你离职时，如果你对公司和老板很重要，老板会真诚地了解你对公司、对他的意见，但是切记不要说任何不满。对于抱怨、意见，也不要说太多，最好是什么都不说，反而要赞美和感谢公司、老板所做的一切。不要傻乎乎地讲一堆忠告，不要谈对薪酬的不满。

5．不要轻易接受承诺

除非特别真诚和有吸引力，否则不要接受任何承诺。记住：你与另一家公司已经签了合约，如果留下，等于毁约。一般绝大多数因为公司挽留而决定留下的人，半年之内会走掉。如果有了走的打算，就已经终结了你在这家公司的上升空间。

6．做好最后的每一件事情

对自己的职业表现和职业操守负责，而不仅仅是对公司和老板负责。因此，一直兢兢业业地工作到最后工作日，没有任何懈怠，不出任何差错。

7. 低调离开

不要参与任何长期计划和项目；不要承诺任何会延迟到你离开后才结束的工作项目；不要到处说你离开的事，更不要说得到多好的工作，应把辞职对公司的负面影响降到最低。

8. 工作交接清单详细

将所有相关资料（电子版和书面）和事项交给接替的人，详细介绍工作范围、职责、遗留问题、项目进度等。

9. 清理电脑，不留后患

删除个人的所有信息和邮件，保留对下一任有用的所有工作业务相关信息。还回所有公司用品，将账务清理好。

10. 用私人信箱发告别信

有的人喜欢用公司邮箱发送告别信，首先不职业，其次影响其他人的心情。如果一定要发，最好用私人信箱，采取匿名的方式发告别信。

第一次越级报告

职场新人由于经验的缺乏，总认为越大的上司越管事，便很自然地落入“越级汇报”陷阱，招来“千夫指”。因此，新人不可不知越级汇报之害及事后处理方法。

一、不可饶恕的越级汇报

越级汇报一直被职场人视为不可踩踏的雷区，更有甚者说越级汇报在职场中是一件大不敬的事，操作不当，不但容易得罪老板，还会给老板的上级留下坏印象。这样说来，越级汇报还真有点“罪不可恕”。

可如果下属在特定情况下出于公司、团队的利益考虑而越级汇报，这种行为是不是也不可原谅呢?

网友“守得云开”在前程无忧论坛上发帖阐述了类似的困惑：

老板下午临时有事出去，临走前交代我们有什么事情要打他手机。下午碰巧就有大事发生，我们必须请示老板做决定，可老板的手机偏偏又打不通。如果这个问题解决不及时，会导致公司的业务不能正常运转，我们整个部门都无力承担这种责任。情况紧急，我决定向大老板汇报此事，虽然我也清楚越级汇报不好，可确实顾不上那么多。

大老板问我说：“之前我怎么没听你的上司说过此事？现在你想怎么解决？”我立即说出自己的解决方案，大老板同意了。第二天，我跟老板解释这件事，他很冷淡地问我：“出了这么大的问题，为何不给我打电话？”我说：

“最先是给您打电话了，可您的手机打不通，后来情况紧急，整个下午我都在忙着解决问题，所以……”他打断说：“算了，事情都解决了，还说这些干什么，以后要注意！”

事情是解决了，可接下来我的好日子没了，老板总喜欢在我工作中找茬。我明白这是自己“越级汇报”闯的祸，可当时我也是为了公司、团队的利益，一心只想解决问题，这样也不可原谅吗？

对于工作中出现的问题，可能老板心里已经有一套详细的计划。然而，下属跳过老板直接向其上级汇报问题，则会促使大老板关注此事，甚至干预此事，老板原本的工作计划可能因此被打乱。老板会认为下属越级汇报是不服从管理、个人主观意识强烈的表现，而且他还可能怀疑下属的居心，这样趁虚而入，是想替代自己坐上管理者的位置吗？

（1）谁不饶恕越级汇报。

在职场中，越级汇报虽为不可触碰的禁区，但是我们却仍旧能够看到类似情况的发生。汇报者或者出于晋升、加薪的考虑，想越过老板向高一层的管理者展示个人能力并期望获得赏识以达到自己的“预谋”，或者仅出于解决问题的需要，在特殊情况下寻求一位管理者作出决策以更好地处理突发情况。如果说前者是“情理难容”，那后者应该是“情有可原”，然而实际情况往往是无论汇报者出于何种目的，越级汇报的行为似乎都不可饶恕。

我们要解释越级汇报的问题，就不得不提企业中的“层级管理”现象。在“金字塔”型的组织结构中企业一般具有严格分明的层级，组织中的每一个人必须明确自己在组织系统中所处的位置，上级是谁，下级是谁，对谁负责。同时，按照“统一指挥原则”，一个下级只能接受一个上级的指挥，即上级不能越级指挥下级，下级不能越级请示汇报，否则就会出现混乱的局面。

显然，网友“守得云开”越级汇报的行为打破了企业层级管理的基本原则，不为公司的制度所原谅。

（2）越级报告的危害。

越级汇报也可能促使大老板（老板的老板）进行越级管理，让老板和大老板之间产生信任危机，从而影响管理者之间的和谐关系。另外，如果高层管理者采纳越级汇报者的工作建议，并没有对汇报者进行批评或警告，这很可能会让团队内的其他成员误认为高层管理者默许越级汇报的行为，久而久之就会在团队内部形成越级怪圈，接下来也许会有更多的下级期望通过越级报告来表现自己以期获得升职加薪的机会，那么公司已经形成的工作秩序和协作氛围会因此而被破坏。

网友“守得云开”在越级汇报时，其解决方案得到认可，这可能只是因为事态严重，大老板出于“救火”的考虑认同他解决问题的方法，但这并不代表大老板支持他越级汇报的行为。

我的一个下属，平时相处很尊重我，而且看上去比较孩子气，但有时做出来的事又比较令我费解和不满。比如她常常越过我直接去找更上一级的经理申请一样东西，如给客户预先开发票，或下午有事不能来参加部门的销售会议等等，平时有些技术性问题，其实我可以解答的，可是她常常直接去问上一级的经理，这让我很不舒服，而且会让我的上级误会我的管理能力和专业水平。

总之，越级汇报会引起一系列不良的连锁反应，它确实不招众人喜欢。

可以越级请示的问题：

（1）涉及你的直接上司所决定的百分百会危害公司重大利益的项目或任务。

（2）对自己的直接上司有任何意见或者不满，按照正常程序来进行越级反映。

（3）顶头上司处事不公，令人无法再忍受或已引起公愤，你的越级报告是为了伸张正义。

二、顺利走过越级汇报的禁区

对于想通过越级汇报解决突发性问题的朋友，切不可心存杂念，意图在经理不在的时候大显身手，争取大老板的赏识。如果越级汇报掺杂了个人私利，其行为就是“司马昭之心，路人皆知”了；越级汇报，犹如一把“双刃剑”，而这种情况就是甘冒“握剑自刎”的风险。

紧急情况下越级汇报该如何化险为夷，在此，编者的建议是：

（1）上司委托可以越级。

老板如果离开公司，除非在他临走之前留下正式的委托通知书，赋予你处理突发问题的权力，否则不管上司有没有提醒你有事情通知他，作为下属都应该第一时间向老板汇报突发性问题，并及时告诉他事情发展的新动态。

如果我们无法及时联系上老板，打电话、发短信、写邮件汇报都应该同步进行，在老板那里留下“案底”。一方面，这是下属对老板的充分尊重，让其知道所管部门面临的最新问题。毕竟老板要对整个部门负责，不管下属的解决方案是否成功救急，责任终究是要落在他的肩上。另一方面，这也是为了保护自己，万一老板追究越级汇报的问题，电话、短信、邮件都是保护你的证据。你确实是在第一时间通知了老板，至于老板有没有看到，那就是他自己的问题了。

网友“守得云开”遇上问题向老板汇报不及时，也没有留下任何证据，只是在问题解决之后才告知老板，老板的上司都知道部门出现问题，作为部门负责人，他却事后才知道。老板当然会耿耿于怀，对他的行为不满了。

（2）越级汇报时，切忌踢开上司、锋芒毕露。

除非你已经具备顶替上司的能力和条件，否则还是应该努力维护上司的形象，而且大老板往往也比较喜欢懂得维护上司的员工。你需要让大老板充分感受到你虽在越级汇报，可并不是否定上司，不服从管理，缺乏团队意识。

在大老板了解情况以后，尽量听取他的决策。如果大老板直接问你要解决方案，可以委婉地说出自己的想法，最好能把自己的解决方案作为集体智慧贡献出来。这样既不得罪上司，也不显得你在大老板面前邀功，而且还能给他留下好印象。

上面案例中，“守得云开”的大老板在询问情况时，他没有注意到维护老板的形象。老板并没有向大老板提过存在这样的问题，他直接绕过老板的问题说出了自己的解决方案，难免会有邀功之嫌，这可是办公室生存的大忌。

（3）越级汇报后，要告知上司结果。

事情解决后下属还应该继续和自己的老板联系，汇报事情解决的结果，当然还是电话、短信、邮件并行。千万不要忽视邮件汇报，在电子化的办公室环境下，邮件就相当于正式的书面文件。电话通知仅仅只是口头上的东西，谁都可以翻脸不认账，但是邮件则有文字描述，铁证如山，关键时刻就是你的护身符。

除此之外，越级汇报还要考虑所在企业的企业文化以及老板的为人，例如，在军事化管理的企业中，越级是绝对不允许的，除非下属得到老板的书面委派，否则即使解决了问题，下属还是要接受处罚，这样就真的变成吃力不讨好了。

总之，职场有其游戏规则，公司也有属于自己的制度流程，无论如何，越级汇报都属于脱离轨道之外的非常规行为。我们不否认越级汇报中存在机会，但是其中的风险不可小觑。所以，职场人如果要越级汇报，还请慎思慎行。

那次加班，我如实地向老板表达了我的策划案，在他完全不认可的情况下，我为了让我三个月的努力不泡汤，只能向大老板请示了。

那次报告，我做得很“水到渠成”。大老板在办公室里和我聊天，他的语气暗示我，“有什么不尽如人意的地方，尽管提出来，没有和上司沟通到位的话题，也可以拿出来商讨。”我认为他希望我跟他表达我的策划案，于是，我把这份策划拿出来，并说出了和老板意见不同的地方，大老板只是颔首微笑，他拿走了我的策划书。

第二天，我没有等来策划得到重用的消息，反而是老板铁青着脸对我说：“你都在背后胡说些什么？我们整个团体都被你搞砸了。”

有些“狡猾”的老板们，喜欢下属打小报告，以这种非常渠道来了解手下人的想法。对于有这种偏好的老板，你以为自己越级成功，那就错了，你充其量是被利用了。

细节40 第一次据理力争

新人在出入职场的时候，和新同事不熟悉，难免会有一些欺生的现象发生，让很多初入职场的年轻人感到十分痛苦。

一、在沉默中“爆发”

鲁迅先生说过：不再沉默中爆发，就在沉默中灭亡。这话对职场新人来说，最恰当不过。因为，新人大多都受过“欺生”的窝囊气。可人的忍耐是有限度的，谦虚也不等于卑贱，新人该“爆发”时就要“爆发”。

小敏刚从学校毕业，进了一家公司上班。可她一进公司，就被同事小芹盯上了。和小敏说话时，小芹总是板着个脸，没有一点笑模样。非但如此，小芹还经常吹毛求疵，挑小敏的不是，并不留情面地批评小敏，俨然成了人力资源主管。而和其他同事讲话时，小芹又好像变了个人，有说有笑。遇到这样的情况，小敏考虑到自己还在试用期，不想节外生枝，便低头走开。

也许是小敏的隐忍刺激到了小芹，她干脆变本加厉，经常指使小敏替自己干活。有一次，小芹告诉小敏，她外面有事，让小敏替自己把手上的活接了，已经习以为常的小敏点头答应下来。可是，因为那天自己也比较忙，小敏就没来得及处理小芹的事情。小芹回来后，发现自己的事情还没办，非常生气。她就对小敏喊道：“你怎么回事啊？做事这么慢，都干什么去了？”小敏觉得很无辜，称自己也有做不完的事情，哪有那么多时间干别的。小芹闻听此言，气呼呼地离开了。

这次经历之后，小敏觉得这样下去不是个办法，只会让人误以为自己好欺负，反而不容易在公司立足。所以，她改变策略，只要小芹找她的不是，她就据理力争。还别说，几次下来，小芹真就收敛了很多，小敏的耳根子也清净了不少。过了试用期后，小敏更加放得开，不再因为害怕丢工作而无原则地迁就别人。

如今，小芹已经不再像以前那样找小敏的不是，小敏也已经在公司立足，重新开启了自己的职业生涯。

的确，似乎好人总要被人欺。如果你一味地隐忍下去，欺负你的人就会越来越多，乃至你连自己都瞧不起自己了。而如果适时地据理力争，反让人觉得你也是有原则、有骨气的，就会自然而然地改变态度。

所以，职场新人一定要注意这点：不亢，但也不能太卑，沉默够了就“爆发”。事实上，如果你以后要面对的都是些欺软怕硬、不自尊自重的人，那你可以考虑换一个环境。

遇到特别严重的、尤其是集体“欺生”的情况，职场新人可以向更高的上司反映此事。如果还是得不到解决，你便可以考虑离开这是非之地了。

二、避免被“欺生”

虽说“欺生”是企业中的普遍现象，但如果新人做得足够好，很多时候还是能避免这一“待遇”的。毕竟，多数人还是不愿打“笑面虎”的，除了一些心态不健康的同事或上司。其有效做法是：

（1）以勤助人、以诚待人。

有的新员工不屑于从琐碎的事情开始做起。别小看打水、扫地、擦桌子，许多人习惯从这些小事中品人。新人如果扎扎实实坚持做这些“小事”，势必能很快融入新环境。当有一个新项目或者新机会时，大家就会首先想到与那些善于做小事的新同事合作。有了合作的机会，你才有展示才华的平台。

在日常交往中，新员工不要将自己“裹”在壳子里，适当地向同事敞开心扉，这也是对他人的尊重。譬如业余时间，大家在一起谈论成长经历时，不可避免要互相了解出生地和大学毕业的学校。如果你想参与这种愉快的聊天当中，就不要对自己的相关信息“守口如瓶”。尽管你的出生地可能是一个偏僻的小城镇，尽管你毕业的大学没有显赫的名声，但这都没有关系，因为在人际沟通中有一个非常重要的“对等原则”，就是别人对你袒露相关的个人资料，你在接受以后，要尽可能地提供给对方对等的信息。

（2）不要斤斤计较。

上司在安排工作的时候，常常安排新员工加班。而对于一些新员工而言，双休日是他们聚会、购物、料理家务的大好时机，往往在周一就已经将双休日安排好，一旦在周五被临时通知周末加班，就会大有失落感，有的人甚至产生抵触的心理。所以，新人首先要理解加班是得到了工作机会，以积极的心态来工作，带着感恩之心去面对。此外，除了不要斤斤计较加班这样的事情，还不要过于计较他人的评点和误解。

与男员工相比，年轻女性更计较自己在工作中的信任度。有些心理承受力比较低的人，也许因为一个善意的批评，就变成一只咆哮的狮子，认为丢了面子，就没有发展前途。其实，这是自我意识过强的表现。在工作中，每个人都会犯错误，尤其是新人，由于业务不熟练，社会阅历比较少，常常比一般人更容易出错。而且许多新员工都常常有这样的感觉，就是越担心出错，越错误不断。所以，坦然面对自己的错误，勇于承担责任，诚恳地向老同事和上司请教，把坏事当成好事。反之，如果总是没完没了地推脱责任，千方百计找客观原因，就会给人留下不成熟和难以承担责任的印象。

（3）少发表个人观点。

在一些女性比较多的公司，大家在业余时间聊天的时候，更容易有意无意地评点不在场的人。此时，新人不可退避三舍，坐下来听听，是不会给自己惹来“杀身之祸”的。但要注意的是，千万不要轻易发表自己的观点，更不要将一些信息传给不在场的人。否则，会给大家留下“新来的女孩子怎么这么是非”的不良印象。因为在大家的潜意识中，即便老同事之间有什么矛盾，都比较正常，因为在长时间的工作中，难免有摩擦。但是对于新人，大家就不会这么宽容了，毕竟思维比较简单，阅历又比较浅，应该是一张白纸，如果过早画上是非，就会自己贬低自己的信誉度。

新人处事原则：

（1）尽快学习业务知识。

（2）尽快完成工作任务。

（3）在工作时间内避免闲聊。

（4）偶尔加加班也应该。

（5）勤请教，心要诚。

总之，职场新人要想不被欺负，就要学会人与人的交往技巧。

故事分享

新人是“火锅”，注定被“涮”

我进入一家IT公司不久，就遇到了很多麻烦。新人嘛，多干点杂活本来不是什么事，可最让我觉得憋屈的是办公室里似乎谁都可以理直气壮地支使我，连来公司才一年的“小黄毛丫头”都敢对我发号施令，“帮我把键盘弄弄……”同事们都看着呢，没办法呀，总不能让人说我“只给上司干活，不注意团结同事”，可怜我这个1.8米的大个子不得不钻到机箱后面检查插孔。“不就是资格老吗？欺生！”没几天工夫，我也变得越来越急躁。

办公室的李老师刚刚升职为我们小组的组长，第一次“就职演说”，他就毫不客气地针对我，“你，听好了，我们这里不要闲人，在我这里，我只认能力，不认学历，忘掉你的学业背景，从头再学……”

“我，我没有……”

“我什么我，干活！”李老师头也不回地走了。我再看看周围的同事，他们正表情各异地看着我，“不要放在心上，应该理解嘛！新官上任，不拿你开涮拿谁开涮啊？”一哥们拍拍我的肩膀，算是表达一下同情。

“理解他？谁来理解我呀？我只不过资历浅点，怎么就成了火锅？想怎么涮就怎么涮啊？”郁闷归郁闷，我有气还是得憋在心里。可是，没过几天，“战争”还是爆发了。

那天，李组长交给我一个任务，其实挺简单的一个程序问题，可电脑偏偏不听话，只要一输入指令，等待我的只有一种结局：死机。

“死机啦，又死机啦！就这么简单的程序，讲了n遍，你还在死，重来！”我的脑后响起一阵咆哮，回头一看，李组长正怒目圆睁地看着我。我本能地站起来，低着头，一副认错的样子，虽然我也搞不懂到底是不是自己错了。一分钟过去了，李组长依然在“咆哮”，“谁不是从新手熬过来的？您至于这样大呼小叫的吗？”再也控制不住情绪的我一把推开他，冲了出去。

这件事情过去没几天，我被经理叫进了办公室。“公司有个出国学习的机会，你们李组长推举了你，公司也同意了。好好准备吧。”不会吧？自己刚刚和他吵过架，他能把这种好事推荐给我？“年轻人嘛，受点气就觉得委屈了？李组长爱给新人下马威，有口无心。”经理拍拍我。

三个月的学习归来后，办公室又来了新同事，李组长依然对他严厉有加，看样子，我的“火锅”生涯到此结束了。

现在想想，当时和组长发生冲突挺没有风度。他不过是想用教训年轻人的方式来提高自己作为上司的威信，或许新人就是一道“火锅”，“被涮”是无法回避的命运。

刚入职最重要的是要做到“不要脸”，编者个人的工作经验，供大家借鉴与参考：

（1）多做：做花时间在业务上、别人用8小时，你就用10小时、12小时，尽快地熟悉工作流程、各部门的职责、业务规范。不要怕做错，但也不要盲目去干。

（2）多问：不清楚不懂的，向同事请教，一个事情多请教几个人，才能得到准确的答案。

（3）多看：看看别人是怎么做事、谁做得最好、哪里做得好、比自己好在哪里，学他！

（4）多交流：要积极参与到部门的活动中去。这样才能进入到圈内。

（5）不要得理不饶人、学会谦让。

（6）学会倾听别人的意见，哪怕是批评的。很多时候批评也是一种帮助（当然不是指那些恶意的批评）。关键是批评得对的一定要接受和改进，不对的则一笑了之，不必过于较真，非要讲个对错。

（7）学会先帮助别人，不求回报。

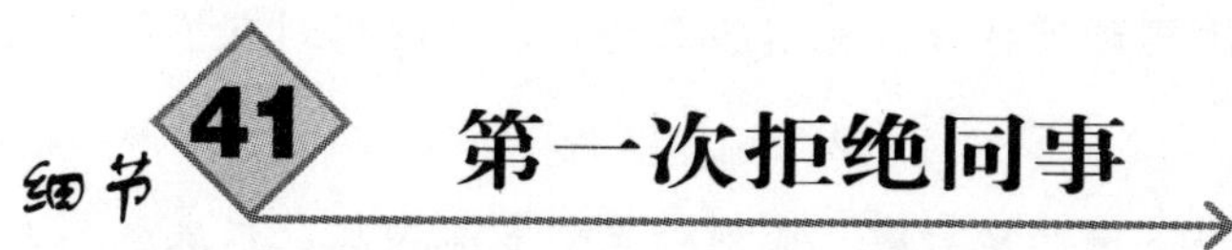

细节41 第一次拒绝同事

办公室里的同事，需要相互帮助的时候很多，在力所能及的情况下，我们帮助同事是非常必要的，这样做也会给我们带来很多的益处，比如良好的人际关系和高效的工作。但也有一些人，会提出一些不合理的请求，那么怎么办呢？职场新人要学会“拒绝”的艺术。

一、为何不敢拒绝

在现代职场的，维持良好的人际关系，难免要忍耐，但是有些人因为害怕拒绝同事邀请，害怕伤害同事间的人际关系，却不敢拒绝，从而导致自己身心疲惫。

故事分享

同事下班后爱打麻将

22岁的小刘当护士已经5年，进这家医院也有3年了，半年前来到现在所在的康复理疗科。科室一共有30多名医护人员，医生、护士人数相当，医生全是男性，护士是清一色的女性。

小刘上长白班，每天工作7小时，一周工作5天。由于有早晚班之分，她一般都是中午12点或傍晚6点两个时间点下班。小刘的爱好比较广泛，唱歌、跳舞、画画。而下班后，她习惯回家吃饭、看书、上网、陪家人，也偶尔跟科室同事吃饭、K歌。

与小刘同科室的护士则喜欢下班后聚在一起打麻将，一般都有固定的几个牌友。“三个月前的一天，她们三缺一，我看实在找不到人，就跟她们打了一次。”小刘说，她其实比较讨厌打牌，也不怎么会打，“没想到有了第一次，她们每次打牌都要喊我。”

渐渐地，一遇到同事下班约她打牌，小刘心里就五味杂陈，本来就不太会拒绝人的她也曾说过“不想去”，但在同事的软磨硬泡下，每次到最后都被迫陪打。同事们“游说”的那些话，小刘随口就能背出几句，“哎呀，就是几个同事耍一会儿，不会有好大个输赢，就当是混时间。”“去嘛，你看我们三缺一，心里好受啊？”……

于是，三个月下来，小刘每个月要被迫陪同事打三四次麻将。本来就不太会打牌的她“很受伤”——基本上每次打牌都会输掉100元以上。9月份还没完，就已经打了3次，输了600元多了！

前天，同事又与她约好了下一场牌局。无奈之下，小刘选择在天涯上发帖求助。

心理学家指出，不懂得拒绝别人反映的是现代职场的人际关系。因为现代职场人际关系比较淡漠，职场人士对这种关系充满了恐惧，很担心“拒绝”会被当作不随流、不合群的“另类”，因此即使自己不喜欢做也要“打肿脸充胖子”。小刘的困扰，正是由职场人际关系心理障碍所造成的。在此编者提供几条建议供鉴与参考，具体如下：

（1）学会自我调适、自我放松，通过各种方式宣泄自己压抑的精神情绪。

（2）制定与自己能力成比例、相一致的目标，明确工作和生活的界限。

（3）正确处理人际关系，正确认识周围朋友，分清工作上的朋友、生活中的朋友、普通朋友。

（4）尊重自己的兴趣爱好，学会抗干扰能力，勇敢地对自己不喜欢的事情说“NO”，把握好尺度，有选择性地拒绝。

二、拒绝是一门艺术

诚然，办公室里，几乎所有的女人都害怕或者不愿意拒绝同事的请求，因为她们害怕失去良好的人际关系。所以在面对同事不合理请求的时候，常常感到为难，以致每次都心软地接受。帮助同事本来是好事，可是面对同事的一些不合理请求，就应该学会拒绝。

快下班的时候，小香接了一个电话，一听连撒娇带耍赖的语气就知道是小雯，她说："亲爱的，救救我吧，帮我写个方案，客户已经催了好几次了，可是我实在是没有时间啦，你知道杰最近在追我，我也很喜欢他，你帮帮我，就算支持我的爱情啦……周末我请你吃韩国料理！"

小雯是小香在公司里最好的朋友，属于那种嘴巴很甜的女人。她这已经不是第一次求助小香了，她下班就忙着去约会，常常把做不完的工作推给小香。每次，小香都想拒绝，可是听到她一句一个"亲爱的"，那能把人融化的热情，都不知道该怎么开口说"不"。

好朋友是该相互帮助的，拒绝会不会让自己失去这个朋友呢？一些女人也许会直接拒绝，这不是一个好的选择，很可能会影响你和同事以后的关系，甚至会得罪同事。

那么，怎么样才能做到既拒绝了同事又不伤和气呢？

1．先倾听，再说"不"

当同事向你提出请求时，他们心中通常也会有不同程度的不好意思，担心你拒绝，担心给你带来麻烦。因此，在你决定拒绝之前，要注意倾听，请对方把处境与需要讲得更清楚一些，自己才知道如何帮他。然后，应该对他的难处表示理解。

即使帮不了他，但"倾听"会使你对他的困境看得更清楚。你可以针对他的情况，提出比较好的建议。这样，即使你不亲自去帮助对方，对方也一样会感激你。

2. 温和而坚定地说“不”

当你倾听之后，认为自己应该拒绝的时候，说“不”的态度必须温和而坚定。因为，情绪是具有感染性的，严词拒绝会引发他人强烈的负面感受。

例如，当对方的要求是不合公司规定时，你就要委婉地向他解释自己的工作权限，表示没有权力去做这件事，这违反了公司规定。在自己工作安排已经很满的情况下，要让他清楚自己目前的状况，并暗示他如果帮他这个忙，会耽误自己正在进行的工作。一般来说，同事听你这么说，一定会知难而退，再想其他办法，而不会对你产生其他想法。

3. 说明自己爱莫能助的理由

从对方的利益考虑，以对方的切身利益为借口，往往更容易说服对方。比如，同事要求你在一个不合理的期限内完成工作，与其说明你如何不可能办到，不如让对方相信这种仓促行事的做法对他而言并没有好处。这样的话，同事不仅不会怀疑你的意图，还会对你产生感激。

4. 拒绝之后仍关心

有时候拒绝是一个漫长的过程，对方会不定时提出同样的要求。若能化被动为主动地关怀对方，并让对方了解自己的苦衷与立场，可以减少拒绝的尴尬与影响。否则，对方一旦察觉到你在敷衍他，你在同事心中的地位就会下降，同时伤害到你在办公室里的人际关系。

总之，拒绝同事是一种艺术，要巧妙而不伤和气。职场新人的人际关系也往往与“拒绝”密切相关，因此，作为新人不得不注意技巧。

细节42 第一次拒绝上司

对于职场人士来说，拒绝上司比拒绝同事更加困难。毕竟，上司是你的“衣食父母”。可是，人不是万能，总有爱莫能助和不堪重负之时，拒绝也就显得顺理成章了。

一、拒绝上司的高要求

与上司相处是一种艺术，特别是当上司交给你的任务要求过高，超过了你的能力范围时。接受还是拒绝？这绝对是一个问题。

A君现在外企上班，暂代某经理助理B君工作几个月。

最近有别的部门的上司要求A君帮忙完成某项任务。该任务为长期项目，工作量不小。而实际上这事与A君及其部门都无关，B君在职时也没有做过。但A君是新人，上司的要求就不得不答应下来。

口头承诺后，和此项任务相关的别的部门的人都在催促A君赶紧做事。A君很懊恼，毕竟这项任务之前有明确责任人，现在推给他，未来还可能连累B君持续完成与岗位无关的事。

从A君的情况看来，就有点“作茧自缚”了。自己完成不了的任务，却因惧畏上司而一口答应下来。

所以，职场新人要特别注意：如果上司交给你的任务是你无法完成的，最好是巧妙地拒绝他。因为一旦接受下来，却无从下手，就会影响上司对你的印象，甚至对公司造成损失。

那么，职场新人应该如何巧妙拒绝上司的不合理要求呢？在此编者总结出几条建议供大家借鉴与参考，具体如下：

（1）提出充分的拒绝理由。

首先设身处地，表明自己对这项工作的重视；然后再表明自己的遗憾，具体说明自己为什么不能接受。

（2）不可一味地拒绝。

尽管你拒绝的理由冠冕堂皇，但是上司也许仍坚持非你不行。这时，你便不能一味地拒绝，否则，上司可能会认为你是在推托，从而怀疑你的工作态度和能力，以致对你失去信任，在以后的工作中，有意无意地使你与机会失之交臂。

（3）提出合理的代替方法。

对上司所交代的事，你不能接受，又无法拒绝时，可以与上司共商对策，或者说："既然这样，那么过两天，等我手头的工作告一段落，就开始做，您看怎么样？"也可以向上司推荐一位能力相当的人，同时表示自己一定会去给他出点子，提建议。

这样，你不仅可以很好地拒绝上司的要求，而且可以进一步地赢得上司的理解和信任。

总之，拒绝上司比拒绝同事难得多。一不小心，你就可能丢掉升迁机会，甚至是"饭碗"。

因此，职场新人不得不谨慎对待上司所交的额外任务，该拒绝时礼不可失。

二、拒绝上司的私下邀请

很多职场女士都会有同样的困扰，尤其是年轻漂亮的女士。因为她们往往被当作公司的形象代表，为公司代理"交际花"一职。而对于公司上司的私下邀请，她们又总不敢轻易拒绝，因而使自己越来越难以摆脱困境。

故事分享

以请假的形式拒绝上司

上司每次约见重要客户都要带着璐。璐已经成了公司里有名的“义务交际花”，因为她是全公司最漂亮并仍旧单身的女孩。

这种应酬最直接的“后果”是，璐经常被一些或真心或假意的男人“骚扰”。烦的是上司还要发话：“这是重要客户，不要得罪他们。”很多时候，璐都忍受着，不知道该如何拒绝上司，如何拒绝客户。

一次，璐认识了一位34岁的“钻石王老五”，“王老五”似乎看璐很顺眼，频频向方璐发出私约邀请。出于不得罪的规矩，璐随叫必到，不想“王老五”“一根筋”，硬是“认准”了璐的不拒绝就暗示着接受。其实“王老五”人是不错，只可惜不属于璐喜欢的类型。可是“王老五”的爱情攻势日见猛烈，在工作上还有求于人，璐不禁进退两难。

终于有一天，“可怕”的时刻到来了，“王老五”让璐“表态”。

“我有男朋友了。”璐说。“我问过你们老总，他说了你没有。”“王老五”一点都不死心，“我现在不想谈恋爱，”璐说。“没关系，我们可以慢慢相处。”“王老五”依然不死心。

璐想来想去，这个事情要和上司好好谈谈。

璐是这样对上司说的：“首先，我不是交际花，如果工作需要我去出席某种场合，那么我可以去，但是像这样的骚扰我不希望有，我希望您能尊重我的隐私，不要将我的私人情况告诉给客户。其次，这段时间我很累，我想好好休息，请给我三天假期，让我好好清静一下。”

上司看了看璐，真诚地道了歉：“对不起。”

很多时候上司并没有什么恶意，他也许真的想在自己的客户中为你安排一段美好的姻缘，只是他并不了解你的需要。所以，一旦事情发生后，要学会使用一些技巧来拒绝上司，让上司明白：他的安排，你并不喜欢，也不需要。

总之，如果上司在公事之外还利用你去对客户使用“美人计”，或“乱点鸳鸯谱”，甚至是自己居心叵测，你都要坚决地拒绝他。毕竟，自己是属于自己的，不能给别人当棋子。职场新人更要知道其中的潜规则，并勇敢维护自己。

三、拒绝不合理加班

加班是职场中十分常见的现象。从职业发展的角度来说，加班不是目的，而是为了完成工作、达成个人发展目标的一种工作行为。对于“加班族”来说，重点要思考的不是要不要加班，而是加班到底为了什么？

1．长期加班导致的后果

（1）为加而加，待时下班。

既然是加班，时间太短都不好意思走人，总得到个十点以后吧？！有时都感觉时间怎么过的那么慢呢。员工有一半精力在等待时间的度过，长期如此，思维会变得混乱，条理性会慢慢退化，而且员工次日精神面貌会大受影响。

（2）产生惰性，思维懒散。

这说的或者是与上文接近的问题，只是对于经常加班的员工而言，它有更深的警示作用，这种惰性甚至不仅反映在工作上，对自身的时间观念也是一种严重的制约。我们都知道，很多信用危机谈论的症结恰恰就是“时间观念”。连基本的时间观念都没有的人是很难让人相信自己的信用很靠谱的。然而时下却很多怪现象，让我们深刻地意识到，不是不明白，世界变化快，“迟到”竟然被不少人群视为是不屑一顾的问题，这是一大遗憾。

（3）重复招人，唯“财”是用。

很多工作确实是可以利用时间来赶进度，先不谈“绝对时间”与“相对时间”的问题，这样的时间差并没有为效率提升起到多大作用，相反企业会更加忽视对人才能力的开发与维护。当员工由于长期加班工作而能力没有及时得到有效提升时，企业看到的就是人员的贬值，而不是付出背后的代价。竞争的激化与员工的停滞，这两条线，在老板们看来是背道而驰的，而且越来越远，到达一定距离后，企业主不得不“无奈”的把你叫到办公室，带着依依不舍的虚伪表情跟你说：“我们需要更能适应公司发展的人才。”

2．拒绝加班的理由

拒绝加班的理由有如下图所示的几个。

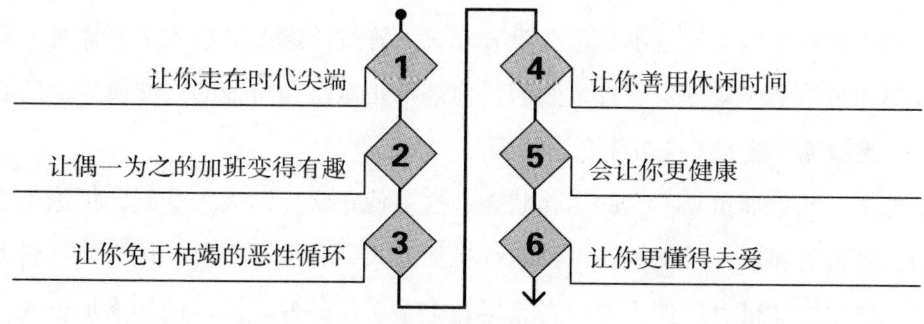

拒绝加班的理由

（1）让你走在时代尖端。

企管顾问观察到一个趋势，这两年愈来愈多的人认为，生命中比工作重要的东西还有许多；工作时间长的人不再被视为英雄，反而被看成不懂生命的人。现在懂得拒绝长时间工作的人，将是未来的上司人物。

（2）让偶一为之的加班变得有趣。

常常加班，同事之间会生腻，合作的兴奋感也全无。如果大家平常准时下班，碰到紧急状况或工作时，大伙晚上一起留在办公室，有人从外面提了便当走进来，一边吃饭、一边讨论，这时候很容易生出团队合作的革命情感。

（3）让你免于枯竭的恶性循环。

你愈加班，愈觉得事情做不完；愈觉得事情做不完，工作时间就拖得愈长。这样的恶性循环迟早会让你崩溃。

（4）让你善用休闲时间。

工作之余的时间不应只是休息、睡觉。如果你五点下班，你可以有时间去学外语、弹吉他、参加才艺活动，这会让你成为一个更活泼、更有能力、更有趣的人，而且第二天更有精力工作。

（5）会让你更健康。

并不是抽空去打球、上健身房、跳韵律操才叫作锻炼身体，人的身体也需要其他的方式来维持活力。比方说，好整以暇地喝杯茶、慢慢地品味一个甜美多汁的水蜜桃、静静拥抱你喜爱的人等等。而这些都不是每周工作五六十个小时的人所能做的。

（6）让你更懂得去爱。

由于加班频繁，你是不是很久没有和三五好友一起说笑狂欢了？你是不是每天都和另一半或父母匆匆打个照面？你是不是难得和所爱的人交换生活的心情？拒绝加班，就等于挽留你身边的爱。

总之，频繁加班是不良的工作状态，这更使正常生活大大受制。拒绝不合理的、频繁的加班，也是拒绝一种恶性生活方式，有何不敢的？作为职场新人的你，偶尔加加班可以作为要求自己尽快上手工作的好办法，但如果加班成为一种惯性，你的其他方面知识的拓展就受到约束了。试想，在最需要“充电”的时期，你却让单调的事情抢去机会，这多么可怕！

在职场新人中，也有一些脱颖而出者，很快就得到上司的赏识，从而当上团队的领班，也叫“领头羊”。如何做好“领头羊”，是对新人的大考验。

一、职场“领头羊”

在职场中，做好“领头羊”是一件非常有挑战性的事。尤其是新人，做好“领头羊”更是难上加难，因为同事“元老”不愿意也不甘心“受制”于你。

因此，新人想做好“领头羊”，就得谨记下图所示八个秘诀。

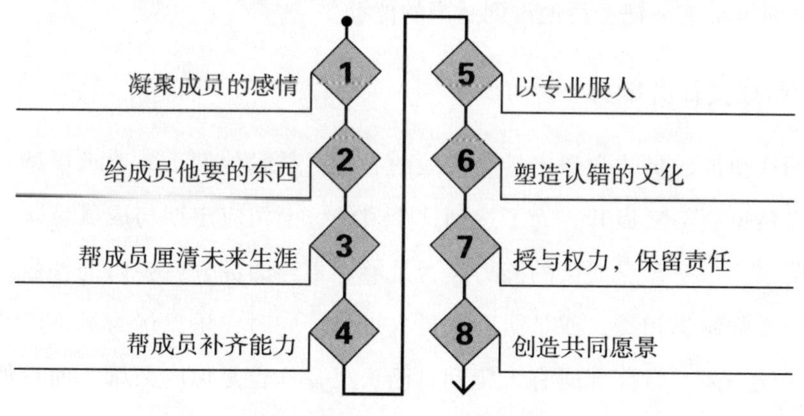

做好“领头羊”的八个秘诀

1．凝聚成员的感情

要培养团队精神，除了花时间、花钱跟部属“博感情”，别无他法。比如说，刚得到升迁，马上请客吃饭，表明自己有今天都是大家的功劳，以后有好处大家分享，有过错就由自己一人承担。

2. 给成员他要的东西

要成员对上司忠诚，上司必须先建立信任感。平时必须以诚心关心部属，了解部下真正在乎的是什么，只有当成员的欲望被满足时，才会努力达成上司的期望。如果他想要的是钱，当他达成要求时就加薪或发放奖金；如果他想要的是成就感，就给他挥洒的舞台。只要是成员应得的，在资源许可的范围内，就要尽力满足他们，成员做得再苦再累也会欢喜甘愿。

3. 帮成员厘清未来生涯

上司必须为成员勾勒一幅未来的远景，让他了解在这个团队（公司），将来可以有美丽人生，让成员个人利益与团队的利益结合为一，成员才会努力打拼。例如，某公司的执行总监胡，除了公司的绩效制度外，特别为了团队成员设计一套Career Plan（生涯规划）调查表，利用闲聊时记录，包括工作满意与不满意的原因？若想换工作，感兴趣的工作是什么？借这种沟通方式，在遇到机会时，适时推员工一把，帮他占到适当的位置。

4. 帮成员补齐能力

上司应协助成员建立乐于接受挑战的心态，鼓励他们不断追求卓越，他们的能力自然也会不断提升。为了达到这个目的，上司应定期与成员恳谈，依照职务说明书，一一盘点成员的能力是否足够，不够的部分就要协助补强。上司必须敞开心胸倾囊相授，或是协助成员去进修。同时，乐见优秀员工成就超越自己，如此一来，就算部属有天爬到自己头上，这也是你的荣耀，而且他还是会敬你三分。

5. 以专业服人

现在的年轻人个性分明，也较不耐烦，因此身为上司，特别是研发部门上司的专业实力很重要，若没有实力，在管理上很容易会被瞧不起。研发上司专业能力除了技术的精通，更重要的是对趋势的观察力，既讲得出未来方向、又做得出成效的上司，最令员工心服口服。

6. 塑造认错的文化

上司要塑造一种认错的文化，鼓励成员诚实面对错误，与成员一同探讨错误的成因，找出如何避免重蹈覆辙的方法，否则老是采用责骂的方式，只会使成员竭尽所能文过饰非。

7. 授与权力，保留责任

授权是给成员磨炼成长的最佳机会，授权能让上司减轻工作负担，还能让部属站在上司的角度思考问题。身为上司，必须相信自己所管理的团队是最优秀的。上司在团队绩效好时，一定要将功劳归给上司与部下，但出状况时，则要挺身承担责任。

8. 创造共同愿景

好的上司不直接发号施令，而是建立团队共同的愿景，特别在景气好的时候要谈危机，在景气差的时候则谈愿景。把正面思考与气氛带给团队。即使生意不好，都要让团队觉得未来的梦是好的。

总之，新人要想在公司各个元老级同事面前做“领头羊”，就不得不具有过人之处。以上秘诀若是践行好了，新人便是“新秀”了。

二、别抢上司风头

很多职场新人对上司不服气，他们难免会想：

我是正规院校硕士毕业，他算什么？高中还没毕业，农村干部出身，我凭什么受他管？

是的，你也许觉得委屈，觉得屈才，但当你也成为上司之后，就知道当年并不委屈也不屈才。

世界上没有“怀才不遇”，只有“才不够用”。你在你的专业领域里的“才”，到了职场不一定是“才”，比如你是机械博士、生物学博士，但文字能力差，而机关需要文字能力，那你在机关算有才没有才？是“怀才不遇”，还是根本没有机关工作的“才”？

不错，确实有些无才之人是混上去的。但人都好面子，上司也是人，尤其是那些水平并不高的上司，尤其爱面子。上司在场的时候绝不能忘乎所以，绝不能因为表现自己而忘记上司的存在，否则，你可能逞了一时之快，却可能失去了长远的机会。

有一次上司和我一起陪一批台湾客户，宴会上我跟他们聊得很欢，自己也觉得很得意。宴会结束一起往外走，客人中的一位偷偷地对我说：“你很睿智，但要知道什么时候表现。”我反思自己的表现，确实是太抢上司的风头，一场宴会上司没有成为中心，我反而成中心了。后来注意这个问题，就发现了很多不应该的情景，比如与韩国人在一起吃饭，自己懂点韩语，而上司一点也不懂，自己与韩国人聊得热火，偷眼一看上司，他正百无聊赖地研究鱼刺与鱼肉的分离关系。上司代表的是一个部门，上司没面子，代表部门没面子，我不尊重上司代表我没教养，同时代表这个部门的人没素质、不团结，是会让人看笑话的。好在我遇到的是涵养高、素质好的上司，能包容我，给我一个自省的机会，要是遇到心胸狭窄的上司，恐怕没我的好果子吃。

职场上，如果能得到前辈的指点，你会少走很多弯路，减少很多奋斗时间，只因为表现自己、抢风头而失去这样的机会，实在可惜。如果你总是吃力不讨好，那不妨主动找上司谈谈。凡事要多沟通，这是职场的“金科玉律”。任何上司都不是高不可攀的，越是大上司修养越高，越和蔼可亲。而你的直接上司就更容易接近了，因为他时刻需要得到你的支持，你们之间有共同的利益，即使他当初对你没有什么好感，也不会拒绝与你交谈。交谈时要坦诚说出自己的想法，但切忌发牢骚，切忌指责同事。

其实，所有的上司，即使非常欣赏下属的才华，他也不希望看到自己的下属风光无限，而把自己忘得一干二净。客观上讲，在一个单位工作，任何一项成绩的取得都不是一个人努力的结果，一定有上司的安排、指点、影响，有同事的协助、支持、配合。而在分享这一成果的时候，上司们要的很少，往往只是一个心理上的满足，这点小小的要求都不满足，也太不够意思了吧？多沟通，是你了解上司的机会，也是让上司了解你的机会，说不定你和上司还有共同的爱好，并因此成为工作之外的朋友呢。

当你想和上司提出一个好建议时，不能过分抢占他的风头，而是用引导的方式告诉他，让他感觉点子是他自己想出来的，只是不小心忘记了。

总之，既要做好工作，也要尊重上司，这似乎比较难，其实做好了后者（尊重上司），更有利于做好工作，实际工作中二者一点也不矛盾。

相关链接

与上司相处大致有五种不正常关系

一是主仆关系，唯唯诺诺，言听计从，没有自己的脑子。

二是猫鼠关系，敬而远之，不接触、不沟通、不交流。

三是兄弟关系，把上司当成哥们儿，工作与友谊不分。

四是协作关系，仗着自己比上司懂业务，工作不愿让上司过问。

五是颠倒关系，对上司的指示不执行，对着干，对外发牢骚，“臭”上司。

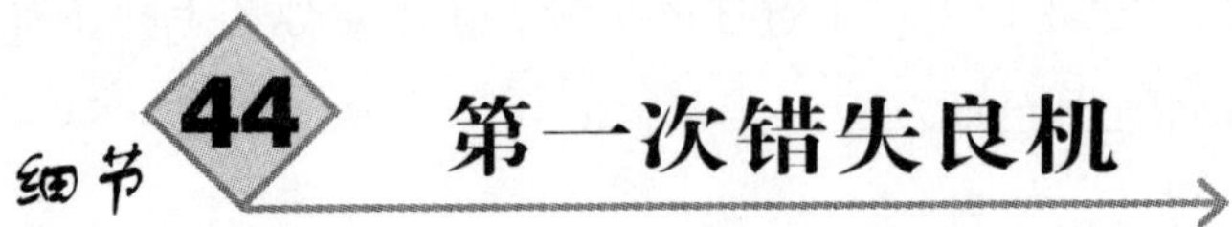

细节44 第一次错失良机

在职场上，机会稍纵即逝。很多人没有及时抓住机遇，只好眼睁睁地看着它溜走。尤其是职场新人，更容易在不知不觉中错失良机。

一、机会稍纵即逝

在职场中，机会就像“一笑而过”的风一样，稍纵即逝。作为职场新人，也许你第一次错失良机就同下面的例子一般。

作为一个性格比较内敛的人，我平时就不太爱说话，除非必要否则不太会主动去和别人沟通。就是因为这样，和同事相处别人都觉得我比较高傲孤僻，从而才让我和自己最合适的岗位失之交臂，想来有点伤感。

刚毕业的我通过努力有幸加入一个我很喜欢的公司，可惜我钟爱的岗位满了，我被调配到与岗位相关的维护部门。进了部门我勤勤恳恳做事，也得到了诸多同事的认可。没过多久，我很喜欢的那个部门有了空缺，他们经理来开会商量转岗的事，我们部门都一起旁听了，会议内容很简洁，介绍了那个岗位的工作内容和基本要求，之后就询问大家谁有意向转过去。平时开会我就比较低调，坐在后排，也没有太多想法，觉得我的能力还不错，应该会有很高的几率转岗，于是我就没有发言，和平日一样等着上司发话指派人选。谁知道有另外一个同事自告奋勇，主动提出希望能转过去，结果转岗名额就这样花落他家了。当时我就郁闷了！想想自己实在是太傻了，自己勤勤恳恳做事情还不如别人在会上的一个自告奋勇的发言。

【点评】

作为一个新人，高调做事，低调做人是对的，但是在开会时，要敢于表达自己想法和意见。否则，上司无法了解你，即使升迁机会来了，你也会与它擦肩而过。

由此可见，职场新人不仅要好好做事，更要把自己的能力和成绩展示出来。毕竟，在这个竞争激烈的职场中，做“无名英雄”是不可取的。再说，没有更大的舞台，你这“英雄”怎么能做长久呢？

二、机会属于有准备的人

放眼古今中外，就有许多成功人士之所以成功正是因为把握住了时机。

世界酒店大王希尔顿，早年追随掘金热潮到丹麦掘金，他没有别人幸运，没有掘出一块金子，可他却得到了上天的另一种眷顾。当他失望地准备回家时，他发现了一个比黄金还要珍贵的商机，也迅速地把握住了它。当别人都忙于掘金之时他却忙于建旅店，他顿时成为了有钱人，也为他日后在酒店业的成功奠定了基础。

其实，机遇是留给有准备的人。不要有怀才不遇、生不逢时的想法。只要你是锥子，哪怕是放在口袋里，年长日久，也会冒出尖来。

那么，作为职场新人的你，如何才能抓住难能可贵的机会呢？

第一，要善于捕捉和辨析信息。职场信息包罗万象，哪些信息是为我所需和符合个人职业发展的，要做到“心中有数”。

第二，要了解和判断职场趋势的变化，以“变”应变，与个人择业需求同步。

第三，要有挑战机会的勇气和胆略，用智慧去尝试，以智取胜。

第四，重要的是自身能力的积淀，包括：学习、教育程度，专业技能，思维模式，解决实际问题的能力，沟通、协作意识，细节的把握以及职业素养等等。

相信机会永远只留给有准备的人，所以在职场工作的你，一定要善于观察，该出手时就出手，学会抓住机会而赢得事业上的成功。

三、学习是最好机会

学习是我们永远的课题，在社会竞争压力的驱使下，学习已然成为不可或缺的一种能量，只有不断学习才能换取更多的回报。更现实的一点来说，才能避免不被社会淘汰。但是在工作中如何学习？很多职场人抱怨，每日的工作枯燥乏味，安排满满，怎会有空学习呢？在此，编者为大家推荐几种方法，告诉你在工作中如何抓住学习的机会！

1. 积极地参加职前培训

这是比较难得的机会，应该珍惜，利用这个机会，充分获取将要立足于社会所需要的各种基本知识以及专业技能，并且，通过这些职场教育，对公司的各种情况进行了解，熟悉公司的环境，熟悉未来同事之间的人际关系等等。

2. 利用空闲时间从事职业技能进修

如果你是办公室的一名职员，就更应该利用空闲的时间从事职业技能进修，这样才能充实自己的实力，为将来的发展做好准备。

3. 取得更高的学历资格

如果你是一个有远大志向的人，不妨可以参加成人教育，到成人高校学习，这些学校都可以为你提供优质的教学服务。我们人生的目标不仅仅是要升值加薪，更重要的在于自身的发展，为自己的最终职业创造价值。

故事分享

在犹豫中错失良机

罗凯是一个性格内向的年轻人，眼看着就要到三十岁了还没有合适的女朋友，这让家人很着急。实际上他自己也很着急，他其实早已经有了心仪的对象，那女孩与他是大学同学，毕业之后他们在同一个城市工作。

在学校时，罗凯就对这个女孩很有好感，但是却一直没敢向对方表达，因为他觉得，对方是一个喜欢学习的女孩，如果自己向对方表示好感，那很可能会打扰她的学习，更何况，当时喜欢这个女孩子的人很多，当中不乏一些条件优秀的人，但是这个女孩子却从来没有答应和任何人成为男女朋友。

在一次偶然的相遇中，罗凯得知女孩的家和单位离自己上班和居住的地方都不远，罗凯不知有多高兴，他想自己终于可以在星期天的时候和女孩约会了。更让罗凯高兴的是，在一次很随意的电话聊天时，女孩透露自己现在仍是单身一人。

经过几番犹豫，罗凯终于决定到女孩家去约她出来看一场当时十分叫好的浪漫电影。可是在去她家的路上，罗凯又犹豫不决了，不知道究竟应该不应该去，又怕去了之后，或者显得太冒昧，或者女孩太忙，拒绝他的邀请，或者她的父母会感到不高兴。于是他左右为难了一路，直到走到了女孩家在的街道时，他心里依然在徘徊。但既然来了，总不能再返回去，于是他伸手去按门铃，甚至在按门铃的时候，他仍旧希望来开门的人告诉他："她不在家。"等了片刻，没有人答应，他勉强自己再按第二下，又等了一会儿，仍然没有人来开门，于是他如释重负地想："家里没有人。"看来只有回去了，于是他带着一半轻松，一半失望走了。虽然他心里想："这样也好，"但事实上，他心里感到很失落。

又过了几个星期，罗凯又想去女孩家。这一次他想先打个电话问问，结果这一次接电话的是女孩的父亲，他告诉罗凯女孩出去了。之后，罗凯又多次想打电话约女孩，可是每次拿起电话又放下，他又开始想，也许女孩并不想见他，就这样时间又过去了几个月。

后来一位熟人看到罗凯没有女朋友，便介绍一位女孩给他认识，罗凯的本意是想推辞，因为他心里一直喜欢的是那位同窗女孩，可是又怕伤了熟人的面子，于是就半推半就地去了。结果事情很巧，他和那位刚刚认识的女孩在公园散步时，遇到了同样被熟人安排相亲的女孩和另一位陌生男子。罗凯当时很想直接向自己喜欢的女孩表明爱意，可是他觉得她身边的那位男子要比自己更出色，同时又怕女孩对自己相亲的事表示怀疑，于是又退却了。

结果半年之后，罗凯收到了那位女孩的结婚请柬，同时收到的还有她的一封短信。女孩告诉他，其实她很早就喜欢上了他，于是故意在电话中透露自己仍是单身的信息，而且希望罗凯能约自己去看一场浪漫的电影。她还曾经告诉家人，如果有年轻男子打来电话，如果对方不说自己是罗凯那就说自己不在……在那次公园邂逅之后，她以为罗凯已经和身边的女孩正式交往了。但是如果罗凯向自己表达心意的话，她肯定会不顾一切地接受，可是一切都是如果。所以最后她认为，罗凯并不喜欢自己……

对一个坚决朝目标前进的人，别人一定会为他让路；而对一个踌躇不前、走走停停的人，别人一定会抢到他前面去。两点之间，直线最短。我们应下定决心朝着既定的方向走去，越直接越好。瞻前顾后、患得患失只会使自己与成功和幸福擦身而过。